如何了解孩子的心理

王佳 编著

中国纺织出版社有限公司

内 容 提 要

孩子的心理状态是非常微妙的，很多时候，他们的行为背后都隐藏着一定的心理原因。作为父母，要掌握一些心理学知识，从而通过孩子的行为表现，了解孩子的心理状态和情绪状态。

本书从儿童心理学的角度出发，通过分析孩子的行为表现，洞察孩子的心理状态和情绪、情感状态。也根据孩子在生活中的各种异常表现，帮助父母给予孩子切实有效的指导，在尊重和平等对待的基础上，陪伴孩子成长，与孩子共同进步。

图书在版编目（CIP）数据

如何了解孩子的心理 / 王佳编著. —北京：中国纺织出版社有限公司，2020.3
ISBN 978-7-5180-6250-8

Ⅰ.①如… Ⅱ.①王… Ⅲ.①儿童心理学②儿童教育—家庭教育 Ⅳ.①B844.1②G782

中国版本图书馆CIP数据核字（2019）第096577号

责任编辑：赵晓红　　责任校对：楼旭红　　责任印制：储志伟

中国纺织出版社有限公司出版发行
地址：北京市朝阳区百子湾东里A407号楼　邮政编码：100124
销售电话：010-67004422　传真：010-87155801
http://www.c-textilep.com
中国纺织出版社天猫旗舰店
官方微博http://weibo.com/2119887771
三河市宏盛印务有限公司印刷　各地新华书店经销
2020年3月第1版第1次印刷
开本：880×1230　1/32　印张：7
字数：148千字　定价：39.80元

凡购本书，如有缺页、倒页、脱页，由本社图书营销中心调换

前言
preface

每一个新生命从呱呱坠地开始，就在父母的精心照顾下成长。在这个世界上，没有谁比父母更爱自己的孩子，父母就是守护孩子健康成长的天使。在陪伴孩子成长的过程中，父母对于孩子的一颦一笑、一举一动都非常关注，孩子任何异常的表现和细微的变化，也会牵动父母的心。然而，并非每一位父母对于孩子的成长都怀有如此慎重的态度，也有的父母觉得孩子还小，就把孩子交给老人带养，还有的父母因为忙于工作，就对孩子的异常行为听之任之。不得不说，这样的父母是不负责任的，他们常常会忽略孩子在成长过程中释放出来的很多信号，对孩子的成长烦恼视而不见。

在孩子还不会用语言表达自己的时候，父母要更加关注孩子，也要认真细致地观察孩子在成长过程中的异常表现。唯有如此，父母才能更好地照顾孩子，也才能透过现象看本质，了解孩子行为背后隐藏的深层次的心理需求和感情需求。父母还要端正态度，知道孩子在6岁之前，尤其是3岁之前，正处于性格的成型时期。父母如果不能给予孩子正确的引导和帮助，孩子很容易出现成长的偏差。

当孩子学会使用语言，但语言的表达能力有限时，对于很多微妙的感情，孩子未必能够完全表达出来。所以在亲子沟通中，父母除了要引导孩子使用语言与父母进行沟通之外，还要教会孩子运用肢体语言来表达微妙传神的感情。相比之下，语言是可以掩饰的，也可以提前组织，但是孩子在潜意识驱使下做出的肢体动作则会透露出孩子真实的心理状态。所以父母必须读懂孩子的行为举止代表的意思，也要学会察言观色，从而洞察孩子真实的内心状态。

孩子成长的过程是漫长的，父母要想了解孩子，就要跟得上孩子成长的脚步，不要始终把孩子当成婴儿去对待，总是包办孩子的一切，而忽略了孩子开始长大，更渴望得到独立成长的空间，也不想继续听到妈妈过多的唠叨。在这种情况下，父母要与时俱进，和孩子一起成长，才能与孩子更加和谐地相处。

作为父母，要想在陪伴孩子的过程中给予孩子更多切实有效的帮助，就要懂得一些儿童心理学，也要懂得儿童行为心理学。这样才能通过观察孩子的行为表现，洞察孩子行为背后隐藏的心理学秘密，也才能顺利地打开孩子的心扉，走入孩子的心灵世界。父母要记住，孩子是独立的生命个体，他们尽管因着父母才来到这个世界上，却不是父母的附属品，更不是父母的私有物。正如台湾作家龙应台所说的，父母子女一场，就是看着子女的背影渐行渐远，作为父母，要习惯接受孩子不断成长的日子，也要学会对孩子放手，把对孩子的关切藏在心里，目送孩子走了一程又一程，直到能够真正地走出属于自己的人生之路，也拥有属于自己的人生天空。

在如今全民教育焦虑时代，每对父母都望子成龙、望女成

前言

凤，他们都渴望孩子有朝一日能够出人头地，为自己增光。然而，父母必须意识到一个残酷的现实，那就是大多数孩子都很普通而又平凡。每一个孩子在父母心中都顶着光环，等到这光环渐渐地褪去，父母逐渐意识到孩子原本没有出奇之处，那么就要摆正心态，向孩子学习，就像孩子无条件地接纳和包容父母一样，去无条件地接纳和包容孩子。

意大利著名的教育学家蒙台梭利说过，儿童是成人的父母。正是在抚育孩子成长的过程中，父母才渐渐找回属于自己的赤子之心，在与孩子相处的过程中，感受到更多纯粹的快乐。现实太沉重，是孩子的纯真无瑕把父母暂时带回到孩童时代，让父母再次感受梦里花落知多少的美好。孩子的成长有自身的节奏，毋庸置疑，孩子的节奏比父母的节奏慢，也是在这样的过程中，父母和孩子一起慢下来，感受花开的声音，欣赏阳光洒落大地的美景。父母要知道，养育孩子绝不是一个单纯付出的过程，实际上，在陪伴孩子的过程中，有心的父母从孩子身上得到得更多。

在这个成长的季节里，让我们和孩子一起静待花开，让我们和孩子同时因为晨昏暮雪而欢呼雀跃吧！作为父母，一定要怀有一颗赤子之心，才能与孩子携手并肩成长！

王佳

2019年6月

目录
contents

第1章　了解孩子的行为，才能读懂孩子的内心 _ 001

  孩子的行为在无声地表达 __002

  你知道孩子行为背后的内心需求吗 __005

  孩子的心灵世界，你不可不懂 __009

  亲子相处模式，影响孩子行为 __012

  父母的言行对孩子有深远的影响 __016

  父母蹲下来，孩子才能长大 __019

第2章　哭不是孩子的武器，是他在用特殊的语言表达自己 _ 023

  哭泣，未必是孩子的撒手锏 __024

  有分离焦虑的孩子更爱哭 __027

  孩子跌倒为何哭泣 __031

  委屈的孩子努力压抑哭声 __033

  以哭闹为手段获得心理满足 __036

  孩子为何会哭得喘不过气 __039

第3章　观察不寻常的生活习惯，探寻孩子的本质问题 _ 041

  让孩子爱上刷牙很重要 __042

  教孩子成为家庭小主人 __044

强迫症的孩子容易患上洁癖 __048

孩子为何喜欢枕头或毛绒玩具 __051

孩子为何总是磨牙 __053

边吃边玩不是好习惯 __055

第4章　孩子的语言仔细听，话里话外藏心声 _ 059

我是谁，从哪里来 __060

害怕被妈妈抛弃 __062

这是我的 __066

妈妈，你不要夸别人呀 __069

难以出口的拒绝 __072

孩子的孤独症表现 __076

我到底应该怎么做 __079

我要和爸爸结婚 __082

第5章　孩子不经意的小动作，体现一系列"大心事" _ 087

每个孩子都活泼好动 __088

手部细小动作暴露孩子内心 __092

眼睛是心灵的窗口 __095

用微笑掩饰内心 __099

口腔敏感期的孩子爱吃手 __102

以沉默表示抗拒和排斥 __105

第6章　学习不上心成绩上不去，你需要关心一下孩子的心理 _ 109

　　　　孩子为何厌学 __110

　　　　孩子简直是十万个为什么的代言人 __115

　　　　抄写与默写的区别 __118

　　　　当心孩子出现超限效应 __121

　　　　不侥幸，才能充分准备迎接考试 __125

　　　　孩子有畏难情绪怎么办 __128

第7章　孩子叛逆不听话，找准原因正确引导 _ 131

　　　　孩子为何爱撒谎 __132

　　　　不要让孩子变成小霸王 __134

　　　　让孩子拥有感恩之心 __137

　　　　诚实，是孩子最优秀的品质 __139

　　　　端正价值观，远离攀比 __143

　　　　孩子为何爱说脏话 __146

　　　　不要给他人起外号 __148

第8章　大人眼中的"坏行为"，孩子心中的"小委屈" _ 151

　　　　喜欢就拿回家的误区 __152

　　　　孩子的胡乱涂鸦大有文章 __155

　　　　人来疯的孩子只是在求关注 __158

　　　　爱探索的孩子喜欢折纸、积木 __161

孩子的性意识开始萌芽 __165

孩子为何怕黑 __168

用扔东西的方式探索空间 __172

第9章　交际行为彰显内心，父母仔细观察才能有效引导 _ 175

自我意识萌芽，爱抢别人东西 __176

自我意识增强的孩子爱打架 __179

不要忽略孩子的社交恐惧症 __183

培养孩子的团队意识 __186

话痨孩子的表现欲 __189

引导孩子的好胜心 __193

第10章　孩子与父母互动，暗示内心对家人的感情 _ 197

孩子为何对父母的话置若罔闻 __198

避免激发孩子的逆反心理 __201

孩子为何爱与父母撒娇 __204

心中没有父母权威的孩子 __207

孩子为何喜欢亲吻父母 __211

参考文献 _ 214

第 1 章

了解孩子的行为，才能读懂孩子的内心

每个人从一出生开始，就会做出各种各样的行为。大多数心理学家认为，人的情绪会影响行为，有的心理学家提出，人的行为是心理状态的呈现，也会影响人的情绪等细微的方面。为此，父母一定要了解孩子的行为，才能读懂孩子的内心，也可以通过对孩子细致入微的观察，走入孩子真实的心灵深处。

孩子的行为在无声地表达

每个孩子都是父母爱的结晶，都是家庭生活中的希望和重心所在。很多爸爸妈妈都会发现，在二人世界里，彼此眼中只有对方，而在有了孩子之后，两人尤其是妈妈的关注重点会完全转移到孩子身上。对于孩子的一颦一笑、一举一动，妈妈都看在眼里，甚至有的妈妈还会因为过度关注宝宝，而忽略了对另一半的关心和爱，导致另一半吃醋呢！当然，这样的做法也是不对的，因为不管是爸爸还是妈妈都要知道，家庭关系大于亲子关系，只有营造良好的家庭氛围，才更有利于孩子成长。所以爸爸妈妈首先要保证孩子有良好的成长环境，然后再关注孩子的言行举止，了解和洞察孩子的内心。

作为新手父母，往往不知道孩子的言行举止所代表的含义，为此，他们面对孩子的时候常常感到抓狂，也会因为孩子的某些表现而紧张焦虑。其实，父母只要了解孩子的心理状态，用心观察孩子的行为表现，就会发现孩子的一言一行都有深层次的心理原因。所以不要觉得孩子无缘无故就号啕大哭，也不要因为粗心就忽视孩子的心理和情感需求。每个孩子在降临人世之初都像是一张白纸，他们的心是那么干净纯洁，他们的感情又是那么细腻丰富。父母一定不要带着先入为主的态度，从成人的立场来思忖孩子，也不要以成人的标准去要求孩子。唯有了解孩子内心的节奏，知道孩子在成长的过程中真正需要的是什么，父母才能有的放矢地引导和帮助孩子，也才能设身处地了解孩子的所思所想。

记住，孩子的行为各种各样，有些父母觉得孩子的某些行为很怪诞，其实是对孩子不负责任的表现。孩子每个细小的行为背后，都有内在的心理动机，父母只有通过孩子的行为表现，洞察孩子行为背后隐藏的心理，才能够深入了解孩子，也才能够有的放矢地帮助孩子解决问题。尤其是对于不断成长的孩子表现出的错误行为或是哭闹状态，父母总是不由自主就批评和否定孩子，而没有尝试去探究孩子出现这种行为或状态的深层次心理原因和内在的感情需求，这样的误解和粗暴的对待，会给孩子的童年留下阴影，使孩子的成长偏离正轨。心理学家经过研究发现，很多成人之所以出现不当的行为举止，与他们在童年时期所受的伤害密切相关。为此，父母必须了解儿童心理学，才能对症下药，有的放矢地帮助孩子健康快乐地成长。

从婴儿时期说起，大多数新生命在降临人世时，发出的第一声啼哭，就意味着他们在宣告自己的到来。在整个婴儿时期，哭泣都是孩子重要的表达方式，不管是饿了渴了，还是拉了、尿了，或者是想要爸爸妈妈抱起自己，他们都会以哭泣来表达。父母要想更好地照顾新生儿，就一定要读懂新生儿的语言，以便全方位满足孩子的生理和感情需求。除了使用哭声来表达自己之外，随着不断地成长，在婴幼儿阶段，孩子渐渐地学会使用肢体语言向父母发出信号，表达自身的需求。当然，在此期间，孩子也开始牙牙学语，与父母的沟通有了更多的方式。总而言之，在孩子还不能熟练使用语言来表达自己时，父母既要关注孩子的哭声与笑声，也要关注孩子的身体语言，这样才能及时回应孩子，也才能助力孩子健康快乐地成长。

当然，不管是哭还是笑，不管是肢体动作还是面部表情，都可以归结于行为这个大的概念范畴。作为父母，要想了解孩子的真实意图，从而更加深入地满足孩子各方面的需求，就一定要关注孩子的行为，同时通过行为洞察孩子的心理和情感状态。对于父母而言，一定希望孩子能够健康快乐地成长，也希望孩子将来能够成龙成凤，既然如此，就要用心陪伴孩子成长。很多父母因为忙于工作，把孩子交给老人带，即便孩子在身边，但是每天也只有早晚能和孩子短暂相处。也有的父母索性把孩子送回老家，一年与孩子只能见几次，这些都是对于孩子成长的缺位。固然，在这个社会上生存，没有钱是万万不能的，但是有钱却从来不是万能的。作为父母要知道，孩子的成长过程是不可逆的，一旦错过就再也不会重来。所以父母要摆正工作与生活的关系，更要竭尽所能、全心全意地陪伴孩子成长。孩子健康快乐，就是父母最大的幸福。

你知道孩子行为背后的内心需求吗

"没有什么能够阻挡",看到这几个字,你的心中是否响起了熟悉的旋律,甚至开始轻轻地哼唱"我对自由的向往"。的确,每个人都向往自由,孩子也不例外。随着不断地成长,孩子成长的脚步越来越急促。如果说襁褓中的婴儿生活的范围很小,接触的人也是非常有限的,那么随着不断成长,孩子生活的范围不断扩大,他们也开始接触更多的人、更多的新鲜事物。在此过程中,孩子受到外部的刺激更多,也因为成长的驱使,他们的好奇心越发强烈,求知欲也越来越旺盛。为此,他们不再满足于只是利用五官来对外部展开探索,而是开始产生更高层次的心理需求。在心理需求的驱使下,孩子的行为也发生了很大的改变,所以父母要更加用心地关注孩子的行为表现,也要了解一些儿童心理学知识,才能以此来指导自己与孩子之间展开更多的交流与互动,也全力以赴引导和帮助孩子持续努力、快乐成长。

从心理学的角度来说,孩子的心理需求通常表现在以下几个方面。

第一个方面,孩子有情感依赖需求。很多父母盲目听信一些育儿专家的话,为了让新生儿更好带,在新生儿哭泣的时候故意不抱起新生儿,偏偏要等到孩子哭一段时间之后,才抱起孩子。殊不知,这对于满足新生儿的情感依赖需求是没有好处的。此外，对于幼儿来说，他们的情感依赖需求也表现得非常明显。尤其是两三岁的孩子，简直就像是爸爸妈妈的小尾巴一样，他们恨不得每时每刻都能和爸爸妈妈在一起。实际上，孩子有过度黏人的表现，正意味着孩子的情感依赖需求没有得到满足，在这种情况下父母不要误以为孩子独立性差，为此总是想要锻炼和培养孩子的独立能力。其实，对于年幼的孩子而言，无论给予他们怎样亲密无间的爱与依赖，都不会把他们惯坏，而是可以让他们感到安心。所以明智的父母会花更多的时间陪伴孩子，从而满足孩子的情感依赖需求，唯有如此，在心理发展到一定阶段之后，孩子才能顺利摆脱对爸爸妈妈的依赖，理所当然地走向独立。

第二个方面，孩子有渴望得到关注的需求。每个孩子都希望自己成为爸爸妈妈关注的焦点，为此当爸爸妈妈对于他们表现出漠视的时候，他们往往会通过调皮捣蛋的方式吸引爸爸妈妈的注意，有的孩子在家里有客人的时候，还会表现出"人来疯"的行为。这都是孩子渴望吸引他人的注意，得到他人关注的行为表现。

有一天，家里来了一位客人，才四岁半的甜甜煞有介事地穿起妈妈新买的外套，在客人面前走来走去。一开始，妈妈对于甜甜的行为很不理解，问甜甜："宝贝，屋子里很暖和，你穿着外套不热吗？"甜甜说："不热。"后来，妈妈担心甜甜流汗，要求甜甜把外套脱掉，没想到妈妈的要求激怒了甜甜，甜甜生气地对妈妈说："我告诉你我不热，你还让我脱吗？！"看着甜甜眼睛里含着泪水，妈妈突然意识到也许是因为有客人在场，甜甜特意穿上衣服的。为此，妈妈当着客人的面夸赞甜甜："甜甜穿着这个外套很漂亮呢，对吧？"客人也马上领会到妈妈的意思，当即对甜甜竖起大拇指："的确，甜甜都长成大姑娘了，是个大美人！"甜甜这才喜滋滋地离开。

事例中，甜甜的行为明显是为了得到客人的关注，为此当妈妈忽略了甜甜行为背后的心理需求，只是要求甜甜脱掉新外套，甜甜就恼羞成怒。作为父母一定要注意，当孩子特别顽皮的时候，有可能是孩子本来就很好动也很顽皮，也有可能是因为父母忽略了孩子，孩子为了吸引父母的注意才故意捣乱的。在后一种情况下，父母应多多关注孩子，以有效缓解孩子顽皮的行为表现。

第三个方面，孩子渴望得到他人的尊重。每个人都渴望得到他人的尊重，孩子虽然小，自尊心却很强烈。尤其是在两三岁的时候，孩子的自我意识不断发展，他们从此前的无我状态发展成为有我状态，因而会刻意把自己与外部世界区分开来。在这种情况下，父母要更加尊重孩子，甚至在必要的时候还可以征求孩子的意思，这对于帮助孩子在自我意识敏感期发展自我意识，有很大的好处。尊重孩子，还表现在多多认可孩子，也要认真倾听孩子。只有给予孩子全方位的尊重,孩子才会觉得自己在父母心中的分量很重,内心需求也才能得到满足。

第四个方面,孩子有自我价值实现的心理需求。马斯洛需求层次理论认为,每个人都有基本的生理需求,而在此需求得到满足的基础上,就有自我价值实现的需求。孩子尽管小,也需要实现自我价值,从而找准自己的位置,也创造自己的价值。

日常生活中,很多父母习惯于对孩子的事全盘包办,完全忽略了孩子自我价值实现的心理需求。一则是因为父母疼爱孩子,害怕孩子太辛苦;二则是因为父母认为孩子能力有限,对于很多事情都做不好,所以就忽略了给孩子机会去锻炼。要知道,没有人天生就是全能的,尤其是孩子,从出生开始就在不断地学习和成长,父母一定要给孩子机会去锻炼,也要在家庭生活中引导孩子创造更大的价值。这对于增强孩子的信心,让孩子感受到自身的力量,是有益无害的。

当然,除了这些主要的内心需求之外,孩子还有很多的需求需要得到满足,父母一定要用心观察孩子的行为,以了解孩子行为背后隐藏的心理需求,这样才能更加全面地满足孩子的心理需求,引导和陪伴孩子快乐成长,收获充实和幸福的人生。记住,孩子的成长离不开父母的助力,甚至在孩子没有完全独立之前,父母对于孩子的付出和陪伴,将会对孩子起到至关重要的影响作用。作为父母,没有任何理由错过或忽视孩子的成长，只有成为孩子坚定不移的陪伴者和忠心耿耿的监护者，父母才是合格且优秀的。

孩子的心灵世界，你不可不懂

如果爱孩子只是照顾好孩子的吃喝拉撒，对孩子发号施令、颐指气使，把孩子当成机器人去指挥，那么每对父母都可以成为优秀的父母。遗憾的是，当父母从来不是这么简单的事情，而是非常难的、需要毕生从事的伟大事业。在这个世界上，大多数职业在上岗之前都会进行培训，唯独父母这个职业，虽然如今也有很多的准父母培训班，但是实际上对于父母的培训效果很差。哪怕父母经过学习自信满满准备上岗，在新生命呱呱坠地那一刻他们还是会表现出束手无策。要知道，考验才刚刚开始，随着婴儿不断地成长，父母会发现小小婴儿简直就是一个来自外星球的"怪异生物"。在照顾新生儿的那段时间里，新手妈妈不由得感慨：还是在肚子里好啊，虽然没有卸货很累，但是好歹走到哪里都能带着，不需要花费那么多时间和精力手忙脚乱地照顾。等到孩子变成一个满地跑的幼儿，妈妈已经忘记了没有卸货之前的省心日子，而是感慨还是婴儿时期好啊，至少还可以抱着，现在到处跑，这可怎么办，关键是危险无处不在，而孩子却看都看不住。的确，这还没有到叛逆期、青春期呢，考验只会越来越大，更加让父母无奈，也逼得父母不得不打起精神来养育这个神奇的生命。

虽然很多父母都为了抚育孩子成长而心力交瘁，也有些父母是后知后觉的，他们理所当然地认为自己生养了孩子，就应该是最熟悉和了解孩子的人，更对孩子享有支配的权利。实际上，这完全是误解，每个孩子都是独立的生命个体，他们虽因父母来到这个世界，但是与父母截然不同。细心的父母会发现，就算已经有养育一个孩子的经验，等到老二出生，也会和老大截然不同。所以父母不管养育几个孩子，在对待每个孩子的时候，他们都是新手。如果父母因为错误思想的引导，对孩子采取生硬的管教方式，对孩子的成长非但无法起到促进的作用，还会导致孩子的成长受到阻碍。例如，当孩子犯错误，其实所谓错误只是父母给孩子的行为冠名，孩子自身并不承认错误，父母就对孩子声色俱厉地批评，或者采取严厉的措施惩罚孩子，也许可以在短时间内迫使孩子听话，但是长此以往孩子或对父母关闭心扉或故意逆反。不得不说，这样的教育效果是事与愿违的。

尤其是对待处于叛逆期的孩子，如果父母总是以强制的态度与孩子相处，往往会导致孩子陷入更加叛逆的状态，这样一来亲子沟通也会陷入困境，更别说引导和教育孩子了。遗憾的是，很多父母都习惯于对孩子大包大揽，或者把自己的要求强加于孩子，这对于孩子的成长非常糟糕。作为父母，既要照顾孩子的身体，也要关注孩子的心灵，读懂孩子的内心变化。父母很有必要通过学习，了解孩子的身心发展规律，这样至少可以知道孩子在特定的年龄段会出现怎样的行为举止，从而帮助孩子有的放矢地成长和进步。

还有些父母会以爱孩子的方式，架空孩子的人生，他们对于孩子进行各种细致的安排，甚至恨不得把孩子一辈子的事情都安排好，还会把自己没有完成的人生理想和尚未实现的梦想交给孩子去实现。不得不说，父母即使生养了孩子，对孩子付出再多，也没有权利去剥夺孩子对于人生的主宰权。如今，很多父母都给孩子报名参加各种课外班、兴趣班，却因为不懂得尊重孩子内心的真实想法，擅自代替孩子做主，而导致孩子对所谓的兴趣班根本没有兴趣，可想而知孩子也根本不会有任何收获。与其说兴趣是孩子最好的老师，不如说父母要想促进孩子成长，就一定要真正尊重和平等对待孩子，唯有如此，父母才能成为孩子成长的引导者，也才是真正对孩子好。

对于父母而言，如果从来不知道孩子心里在想什么，那就是最大的失败。孩子即使再小，也有自我意识，他们不会愿意做任何事情都被父母指挥。作为父母，当因为孩子不听话而懊恼的时候，不如想一想自己说的是否是孩子真正想听的，也不如想一想，自己代替孩子选择的是否是孩子真正想要的。亲子关系中，父母在孩子小时候占据主导地位，但这并不意味着父母不需要了解和尊重孩子，而是说父母要更加关注孩子的心灵世界，从而才能引导孩子做出正确的选择，助力孩子的成长。

亲子相处模式，影响孩子行为

在成长的过程中，孩子会受到很多因素的综合影响和作用，诸多的因素中，父母的影响最大。正如人们常说的，父母是孩子的第一任老师，这是因为父母负责照顾孩子的饮食起居，也教会孩子很多做人的道理，而且父母还需为孩子营造家庭环境。所以，孩子在潜移默化之中就会被父母影响，尤其是亲子相处模式，对于孩子的性格养成、行为习惯，以及人生观、价值观等重要的人生观念都会产生重要的影响。

在家庭教育中，很多父母自认为对待孩子是鞠躬尽瘁地付出，但是却没有收到良好的效果，这是为什么呢？其实，没有效果还不算最差的结果，如果父母总是强迫孩子必须按照父母的要求去做，或者对于孩子过分苛刻，一旦激发起孩子的逆反心理，还会导致事与愿违。由此可见，要想在教育孩子方面事半功倍，父母就要探求适宜的亲子相处模式。这里之所以用"适宜"二字，是因为亲子相处模式根本没有正确与错误之分，既然每个孩子与每对父母都是独立的、与众不同的生命个体，所以他们之间的相处也应该是有特点的，而不能套用常规的模式。换言之，亲子相处根本没有常规模式可套用，而是带有父母和孩子的浓郁个人色彩。认清楚这一点，父母就不要盲目取经，更不要听信专家的经验，必须更加用心地对待孩子，不断探索和深入研究，才能找到与孩子相处的最佳方式。

虽然相处模式并没有可以套用的常规版，但是在寻找与孩子的最佳相处模式时，父母还是要坚持以下几个原则。只要遵循这些原则，相处模式即使不是最适合孩子的，也一定不会出现大的错误，从而避免导致亲子关系紧张。

第一，要做到真正陪伴孩子。现代社会，很多父母对于孩子的陪伴都是伪陪伴。有的父母整日忙于工作，天不亮就出门，深夜才回家，看起来的确是把孩子留在身边，但是真正能够陪伴孩子的时间少之又少；有的父母好不容易抽出时间来陪伴孩子，却是不折不扣的低头族，甚至有父母因为沉迷于手机导致孩子发生意外和危险而未察觉；有的父母索性把孩子送回老家交给老人带，自认为可以全力以赴地工作，还能降低抚养孩子的成本，殊不知，错过孩子成长带来的损失惨重到不可估量……这些陪伴的方式都是伪陪伴，父母一定要避免这些方式，做到有充足的时间来全心全意地陪伴孩子，关注孩子的行为，也洞察孩子的内心。

第二，以恰到好处的方式与孩子沟通。很多父母抱怨与孩子不能顺畅地沟通，或者觉得孩子对自己关闭了心扉，殊不知，不是孩子不愿意与父母沟通，而是孩子无法与父母沟通。

大多数父母对于孩子都持居高临下的态度，总觉得孩子是自己生的，自己养的，所以在孩子面前就高高在上。殊不知，随着不断成长，孩子再也不是那个对父母言听计从的小尾巴，所以作为父母也不要始终停留在孩子还小的阶段，依然以惯性思维对待孩子。明智的父母跟随着孩子成长的脚步，与时俱进，与孩子共同进步，那么就知道与孩子沟通的方法要不断更新。在掌握沟通的正确方法后，还要与孩子随时沟通，这样才能发现问题所在，也才能有的放矢地引导和教育孩子。

第三，要尊重孩子。很多父母对于孩子都缺乏发自内心的尊重，他们总觉得孩子只有听话的份儿，为此在家里有任何事情的时候，他们从来不会征求孩子的意见。或者即使孩子表达意见，他们也不会认真倾听，更不会尊重孩子的意见。不得不说，这样的亲子相处模式是错误的，日久天长，孩子或者因为被压抑而自暴自弃，或者因为得不到父母的尊重而关闭心扉。尤其是当很多事情关系到孩子的时候，明智的父母会把选择的权利交给孩子，让孩子自主地做出选择。也许孩子的选择不是最正确的，也不是最合理的，但是在坚持做出选择的过程中，他们的思维不断深入发展，也会想方设法把问题想得更加全面一些。唯有如此，孩子才能获得长足的进步和成长，也才能不断提升和完善。

第四，亲子相处中，一定会有各种矛盾和纷争，作为父母，要有容乃大，宽容孩子。当受到孩子的质疑时，要耐心地向孩子解释，争取让孩子心服口服。或者是错误对待孩子的时候，即使作为父母也要真诚道歉。有些父母为了维持做父母的权威，总是明知道自己错了，也不愿意向孩子道歉，其实这样的做法完全是错误的。在家庭生活中，父母唯有积极地承认错误，才能在孩子面前维持正义和公平。此外，父母谦虚认错，也会给孩子树立好榜样，让孩子坦然面对错误，勇敢承担责任。父母是孩子的第一任老师，孩子是父母的镜子，如果在亲子矛盾中孩子很容易因为各种各样的情况而抓狂，父母就要反思自己的言行举止，从而才能从根源上解决问题。

第五，一定要慎重批评孩子，积极鼓励孩子。很多父母在教育孩子的过程中唱黑脸，总觉得必须对孩子板起面孔，才能让孩子心生畏惧，达到教育的效果。其实不然。相比起还在成长中的孩子，父母显然是家庭生活中强势的一方，如果不用正确的方法对待和教育孩子，只是一味地强迫，一旦激发起孩子的逆反心理，孩子就会彻底叛逆，不再愿意和父母交流，更不愿意采纳父母的建议。如今提倡赏识教育，尤其是父母的赞赏对于孩子而言有非同寻常的意义。很多孩子内心深处都特别信任父母，在缺乏自我评价能力的情况下，他们往往会接纳父母的评价。所以父母在评价孩子的时候要谨言慎行，不要轻易否定，尤其不要给孩子贴标签。因为很有可能父母随随便便说出的一句话，就会给孩子的一生带来阴影。

当然，这些只是亲子相处中最重要的几项原则，也是放之四海而皆准的。在与孩子相处的过程中，父母要从自身的性格特点和脾气秉性出发，也要考虑到孩子的独特个性，从而寻找最适宜的方法与孩子相处。父母子女一场，彼此都有着深厚的缘分，要相互珍惜，给对方带来更多的快乐与幸福。对于父母而言，要把孩子的身心健康视为头等重要的教育原则，而避免在教育孩子的过程中舍本逐末。记住，作为父母，你今天的付出关系到孩子未来的幸福。

父母的言行对孩子有深远的影响

有的时候，父母一句无心的话，都会让孩子牢牢记住一辈子。曾经，有个父亲说自家的女儿五音不全，也许父亲说这句话的时候，女儿才七八岁，正是天真快乐，时刻都想放声歌唱的年纪。虽然父亲说完这句话就抛之脑后，但是女儿却始终记得这句话，而且从此之后最害怕上音乐课，也从来没有再开口唱过歌。直到女儿人到中年，父亲也从来不知道自己一句无心的话居然会给女儿带来这么大的心理阴影，让女儿一生都与歌唱绝缘。父亲甚至完全不记得自己曾经说过这句话，因为他从来都没有把这句话放在心上。由此可见，父母要想引导孩子成长，改变孩子的行为，一定要谨慎对孩子说出每一句话。很多父母抱怨孩子不理解父母的良苦用心，其实大多数父母又何尝知道孩子心中把父母看得多么重呢?

父母的言行举止会对孩子产生深远且深刻的影响,父母与其给孩子创造更好的物质条件,给孩子留下更多的金钱财富,不如用心呵护孩子的心灵。当孩子健康、积极、乐观,当孩子勇敢、坚定、执着,他们当然会拥有更好的人生。因而当孩子的表现不能符合父母的预期时,作为父母,一定不要对孩子过度指责。没有孩子天生就很优秀,他们更不可能把每件事都做得面面俱到。父母要给予孩子爱心、耐心,这样才能引导孩子成长,让孩子的行为变得更好。

当然,父母是孩子的榜样。更有心理学家指出,父母的身教重于对孩子的言传。所以在家庭教育中,父母固然要经常教育和提醒孩子,也要自己努力去做好,从而才能对孩子进行无声的教育。

最近这段时间,爸爸发现乐嘉的脾气越来越暴躁。有的时候,即使只是才开始交谈,说起一个不那么愉快但是也不至于让人歇斯底里的问题,乐嘉就会大声喊叫,看起来非常暴躁。这到底是为什么呢?思来想去,爸爸意识到是妈妈的坏脾气影响了乐嘉。

3岁之前,乐嘉主要由奶奶负责照顾。后来,乐嘉上了幼儿园,奶奶回到老家,乐嘉就主要由妈妈负责照顾。妈妈一边工作一边带乐嘉,的确非常辛苦,因而脾气也很暴躁。有的时候，乐嘉表现不好，妈妈马上就会劈头盖脸对着乐嘉大声训斥。渐渐地，乐嘉也失去耐心，不管说什么话，一张口就想喊叫，这让爸爸感到崩溃。爸爸很委婉地提醒妈妈乐嘉行为的不妥，妈妈不愿意承认爸爸的"栽赃陷害"，也感到非常委屈，其实从理智的角度去想，妈妈当然知道自己的坏脾气会对乐嘉造成负面影响。为此，妈妈决定改变自己。从此之后，妈妈不管工作多么辛苦，在下班回家之前都会清理情绪，把工作中的各种不愉快、压力、烦恼统统抛下。回到家里，妈妈就专心致志地陪伴乐嘉，给乐嘉做好吃的，讲故事给乐嘉听。在长期的努力之后，妈妈的脾气好了，乐嘉发脾气的次数也越来越少。

父母要想改变自己的行为，首先要改变自己的态度。不可否认，养育孩子是非常辛苦的，尤其是在还要兼顾工作的情况下。但是，养育孩子是每对父母的责任，作为父母，一定要端正心态肩负起这个责任，而不要在教养孩子的过程中怨声载道。此外，父母还应该改变教育孩子的方式。太多的父母之所以对孩子态度恶劣，是因为并没有真正发自内心地尊重孩子，更没有平等对待孩子。父母要把孩子看成独立的生命个体，给予孩子恰当的引导，也要以身作则去教育孩子，只是对孩子进行叮咛和训诫，是远远不够的。很多父母都把孩子当成自己的附属品和私有物，也把养育孩子看成对孩子的付出，因而总是在孩子面前愤愤不平。其实，父母养育孩子不是为了孩子，而是为了自己，因而养育孩子是父母的责任和义务，而不是父母对孩子的恩赐。只有这么想，父母才能心甘情愿地对孩子付出，也才能避免对孩子颐指气使的态度。

当父母端正了态度，在行为方面就会有很大的改观。此外，很多父母之所以觉得养育孩子太过辛苦，实际上是因为父母对于孩子的教养太过紧张。作为父母，要知道孩子不可能永远在父母的庇护下成长，总有一天要脱离父母的保护和照顾，独自去面对人生。所以父母越早对孩子放手，让孩子主动地探索人生，孩子越是容易独立，各个方面的能力也会得以发展。

作为父母，从现在开始，改变自己。有人说，心若改变，世界也随之改变。其实在家庭环境中，父母改变，孩子才会改变，与此同时整个家庭的氛围也会随之改变。改变，从我做起，从此刻做起！

父母蹲下来，孩子才能长大

在孩子没有成年之前，他们的身高通常没有父母高，为此很多父母都习惯于从更高的地方俯视孩子，而忽略了孩子因为身高的限制看不到父母所看到的一切。这样的亲子关系和亲子沟通，会因为视野的差距而产生很大的影响。在孩子面前，父母要蹲下来，只有蹲下来，父母才能看到孩子眼中的世界，也才能理解孩子根据自己所看到的一切做出的行为。

有一天,妈妈带着姗姗去参加公司的周年庆祝活动。这是公司的20周年庆祝会,非常隆重。妈妈看着那么多精致的西点、漂亮的装饰,觉得姗姗一定会玩得很开心。尤其是在宴会厅的一个角落,还特意为跟着爸爸妈妈一起参加宴会的孩子准备了挂满礼物的圣诞树和简单的玩具。出乎妈妈的意料,姗姗玩了没多久,就跑过来拉扯着妈妈的衣服,说:"妈妈,我要回家!"妈妈很不理解:"姗姗,你为什么要回家啊?这里多好玩,还有这么多蛋糕、果汁,还有你爱玩的滑梯。好好去玩,妈妈要和同事说话,好吗?"姗姗很乖巧,在妈妈安抚她之后,又乖乖地到一边玩去了。

然而,才玩了十几分钟,姗姗再次来到妈妈身边,请求妈妈带她回家。这次的姗姗看起来快要哭了,眼泪在眼睛里不停地打转。妈妈不得不蹲下来,帮助姗姗擦拭眼泪。正在此时,妈妈看到了非常可怕的一幕。原来,光鲜亮丽、热闹非凡的宴会,在姗姗眼里,居然是无数条晃动的大粗腿和冷漠的桌椅板凳的腿。姗姗看不到摆放在宴会桌上的精美鲜花,也看不到自助区域的美食,甚至无法在高高的冰柜里发现她最爱吃的冷饮。妈妈知道姗姗为何会对这一切感到厌倦后当即带姗姗离开,也为自己之前在心中抱怨姗姗不懂事感到内疚。

父母如果不蹲下来，怎么可能知道孩子看到了什么呢？就像事例中，妈妈如果不蹲下来，就不会看到姗姗眼中的宴会是另一种情形。遗憾的是，现实生活中，有太多的父母习惯于居高临下地看着孩子的头顶，他们从来不知道孩子只能看到他们的腿，而当孩子仰起头看着他们的脸时，因为不是平视的目光，所以看到的是父母下巴的侧面，而无法与父母进行眼神的交流。

作为父母，一定不要只顾着从自己的角度出发看东西，更不要只从主观的立场去思考问题。当父母能够站在孩子的角度看待问题，也设身处地为孩子去着想，就会发现站着与孩子沟通真的不够好。父母只有蹲下来，孩子才能更快地长大。

有些妈妈喜欢带着孩子逛商场，以为孩子一定喜欢在商场里看看人，看看鲜艳的色彩。殊不知，大多数孩子都很厌恶逛商场，因为孩子眼中的商场就是一排排货架，或者一条条或粗或细的腿，一双双或大或小的脚。因而面对孩子突如其来的烦躁，父母一定不要盲目训斥孩子，也不要对孩子声色俱厉。蹲下来，透过心灵的窗口感受孩子的内心，也接受孩子澄澈眼神的洗涤，这样才能真正透过孩子的行为，洞察孩子的心理状态和情绪感受，也才能够与孩子之间架设起心与心的桥梁，进行心与心的沟通。

第2章

哭不是孩子的武器，是他在用特殊的语言表达自己

很多父母误以为孩子是在用哭泣作为撒手锏，当然，对于那些已经成长且很有些小心思的孩子来说，这的确是有可能的。但是对于更多的孩子而言，哭是一种特殊的语言，在还不能灵活运用语言表达自己，或者是感到情绪很不好的时候，他们也许只是把哭当作最直接的发泄情绪的方式。包括很多成人，在哭过之后都会感到心里舒畅了很多。所以说，哭泣对于人类有着特殊的意义，尤其与情绪密切相关。为此，父母一定要了解孩子哭泣背后的心理需求和情绪状态，这样才能有的放矢地帮助孩子，也才能助力孩子更好地成长。

哭泣，未必是孩子的撒手锏

不可否认，的确有孩子是以哭泣作为撒手锏的，尤其是在看到父母对于他们的哭泣表现出无可奈何的模样时，他们往往会变本加厉。然而，孩子以哭泣作为撒手锏分为两种情况，一种是无意识的，即孩子出于本能以哭泣解决问题；另一种是有意识的，即孩子清楚意识到父母在面对他们的哭泣时会缴械投降，所以会更加频繁地使用哭泣这个武器。

从情感需求的角度来说，大多数孩子之所以哭泣，主要是想通过哭泣的方式吸引父母的关注。当然，哭泣的妙处很多，还可以帮助孩子得到想要的礼物，让父母更加心疼孩子，因而也不再惩罚孩子。当然，这不是因为孩子把哭泣当成武器去使用，才起到如此多的效果，从本能的角度而言，孩子只是为了趋利避害，才做出这样的选择。通常情况下，是父母把哭泣当成了孩子的武器甚至是撒手锏，才会频繁因为孩子的哭泣而缴械投降。

在亲子关系中，当孩子开始哭泣，父母一定要慎重处理。大多数父母都见不得孩子哭，只要孩子哭声出来，眼泪流出来，他们就会马上妥协。举个简单的例子，孩子在商场突然想要购买一件计划外的玩具，一开始父母是拒绝的，即使孩子死缠烂打父母也不同意，但是后来孩子开始哭，父母的态度马上一百八十度大转弯，立即决定给孩子买玩具。其实，父母这样的做法恰恰是在告诉孩子哭就有用。可想而知，几次三番之后，孩子怎么能不钻父母的空子呢？当意识到哭泣能够让父母答应自己的请求，只怕孩子会多哭几次。所以面对孩子的哭泣，尤其是当孩子是为了某种要求而哭泣时，父母千万不要轻易妥协。哪怕父母已经改变主意要满足孩子的要求，也应该缓一缓，不要在孩子一哭的时候就满足孩子的需求。否则，哭泣就会真正变成孩子的撒手锏。

除了想要满足心愿，在犯了错误即将遭受惩罚的时候，孩子也会哭泣。这个时候，孩子主要的目的是想逃避惩罚，以此示弱。但是父母要让孩子知道，犯错误就要承担责任，这是无可厚非的，也是不能妥协的。所以父母可以采取理性的方式给予孩子一定的惩罚，切勿在孩子哭泣之后马上就对孩子缴械投降。哪怕在惩罚孩子之后，再去安抚孩子的情绪，都比直接取消惩罚更容易给孩子订立规矩。

常言道，没有规矩，不成方圆。也有人说，国有国法，家有家规。在家庭生活中，父母也要为孩子制订各种规矩。例如，如果孩子过于拖延，写完作业之后到了洗漱的时间，那么就不能休息，而要直接去洗漱睡觉。当父母坚持执行规矩，孩子就会更加保质、保量、按时地完成作业，如果父母在孩子拖延完成作业之后还是看在孩子哭泣的份上，给孩子额外的时间去玩耍,而拖延孩子休息的时间,则孩子未来就会完全不把父母的话放在心上,也会对家庭生活中的规矩视若无睹。

父母要记住,每个孩子都很喜欢哭,这是因为孩子从出生就习惯于用哭表达自己的需求、情绪等。所以哭是人类表达情绪和需求的本能方式之一,未必是孩子的撒手锏。对于新生儿而言,哭其实还是他们的特殊运动。大声哭泣,可以锻炼新生儿的肺活量,增强肺部功能。有些婴儿哭泣的时候还会不停地挥舞小胳膊、蹬腿,这也可以帮助婴儿进行运动。当然,对于婴儿的哭泣,父母是要更加慎重的。通常情况下,婴儿的哭泣既有生理性啼哭,也有可能是因为身体不舒服。婴儿还不会用语言表达,所以父母就要更加关注婴儿的状态,当听到婴儿哭泣的时候,应该第一时间检查婴儿是否有生理需求要满足。如果没有,那么不要对婴儿的哭泣过于紧张,让婴儿"运动"一小会儿也无妨。

当然,婴儿也是有情绪需求的。当婴儿持续哭泣一小会儿,爸爸妈妈就要靠近婴儿,甚至抱起婴儿。尤其是妈妈的拥抱,可以有效安抚婴儿的情绪,这是因为婴儿还在娘胎里的时候,就经常听到妈妈的心跳和呼吸,所以他们对于妈妈的心跳和呼吸非常熟悉。当婴儿情绪焦虑、哭闹不止的时候,妈妈可以把婴儿抱在怀里,让婴儿的头部紧紧贴着妈妈的胸口,这样一来婴儿就会感到心安。父母一定要知道,对于婴儿来说给予他们足够的疼爱和亲昵很重要,而且不会把婴儿惯坏。只有让婴儿获得安全感，才有助于婴儿的健康成长。

对于不同年龄段孩子的哭泣，父母也要有的放矢，作出不同的反应，从而才能正确对待和安抚孩子。当然，父母还应该了解孩子在特定时刻哭泣的含义，这样才能有效帮助孩子平复情绪，也有针对性地及时满足孩子的需求。此外，父母也无须每时每刻都去回应孩子的哭泣，在必要的时候，让孩子哭一会儿，也不是一件坏事情。父母要以正确的方式对待孩子的哭泣，这对于孩子来说很重要。

有分离焦虑的孩子更爱哭

细心的父母都知道，孩子在八个月的时候，开始认识爸爸妈妈，也意识到自己与外部世界不是一体的。为此，当问起八个月的婴儿爸爸呢，他马上就会用眼睛寻找爸爸。这正意味着婴儿对于爸爸妈妈的依赖情绪已经产生。还有些宝宝在爸爸妈妈在场的时候，并不排斥陌生人，而一旦看不到爸爸妈妈，原本在陌生人怀抱里玩得很好的宝宝，马上就会大哭起来。原来，宝宝不能理解爸爸妈妈只是暂时离开，而以为爸爸妈妈把自己抛弃了，所以产生了很深的恐惧感。

随着孩子自我意识的发展，分离焦虑的症状也开始出现。八个月之后的婴儿很害怕和爸爸妈妈分离，为此以哭泣来表达自己的情绪。尤其是在两三岁前后,孩子简直成了父母的小尾巴,分离焦虑症状也更明显和强烈。那些被妈妈主要负责带大的孩子,更是一分一秒都不能离开妈妈。一旦视线里看不到妈妈,他们就会非常紧张和恐惧,也会本能的以哭泣的方式来吸引妈妈的关注。曾经有人提出,孩子一点儿也不认生并不是一件好事,尤其对于襁褓中的婴儿来说,当陌生人抱起他们的时候,他们如果能够大声哭泣,就相当于在警示爸爸妈妈:我不安全啦!

3岁之后,孩子进入幼儿园小班开始学习,同时也面临分离焦虑的挑战。在此之前,孩子从出生开始就与妈妈在一起,从未分离过,所以他们对于妈妈的依恋更深。相比起妈妈与孩子的形影不离,爸爸主要负责挣钱养家,为此爸爸每天要离开去上班,并不会让孩子觉得不安全。那么在把孩子送入幼儿园之前,最重要的准备工作就是教会孩子接受分离,也让孩子知道自己只是暂时与妈妈分开,很快就会和妈妈在一起。明白这个道理,确定自己并不是被爸爸妈妈抛弃,孩子才会正确面对分离。

此外,从心理学的角度来说,如果孩子缺乏安全感,分离焦虑的表现就会更加严重。因而在日常教养孩子的过程中,父母要多多陪伴孩子,帮助孩子建立安全感,这样在与父母短暂分开的时候,孩子才会相信父母很快就回来,也就不会因为分离焦虑而严重哭闹。当然,对于年幼的孩子而言,父母一味地告诉孩子自己马上就回来,孩子也不会理解。那么父母就可以

哭不是孩子的武器，是他在用特殊的语言表达自己　　第 2 章

尝试着离开，然后在固定的时间回来。中间间隔的时间可以循序渐进地拉长，从而让孩子逐渐适应分离。总而言之，分离焦虑是孩子面对分离的表现，也是正常的身心反应，父母无须对此感到过分焦虑，只要想办法帮助孩子应对即可。

　　自从出生，丝丝就是妈妈一手带大的，因为爸爸在外地工作，一个月才回家一次，所以丝丝对于妈妈特别依恋，对于爸爸的感情则相对平淡。眼看丝丝就要上幼儿园了，妈妈很担心，害怕丝丝不能离开妈妈。为此，妈妈决定帮助丝丝做好入园前的准备。
　　为了让丝丝减轻对妈妈的依赖，妈妈特意把姥姥从老家接过来，让姥姥接手带养丝丝。妈妈则准备开始找工作。第一天，妈妈正在和丝丝告别，还没有离开呢，丝丝就哭得撕心裂肺。姥姥说："要不明天再去找工作吧？"妈妈态度很坚决："不行啊，必须现在就开始训练她，否则将来怎么去幼儿园啊！"走到楼下，妈妈对丝丝牵肠挂肚，似乎听到丝丝激烈的哭闹。好不容易挨过半小时，妈妈才给姥姥打电话询问丝丝的情况。听说丝丝哭得睡着了，妈妈心疼不已。次日，又到了妈妈离开家门的时刻，这次姥姥让妈妈趁着丝丝不注意的时候离开。然而，丝丝的表现并不好，反而哭了更长的时间，一直到妈妈两小时之后回家，丝丝的眼泪还没干，嗓子嘶哑严重。妈妈反思丝丝更为激烈的反应，意识到正是因为自己不告而别，才会让丝丝误以为妈妈不要她了，所以才哭得更加严重。

第三天，妈妈总算有了些经验，坚决不再听从姥姥的主意偷偷离开，而是对丝丝说："丝丝，妈妈要去上班，过一会儿就回家。你和姥姥一起玩，等着妈妈回家，好不好？"丝丝的眼眶红了，但是有了前两天的经历，她似乎知道妈妈一定会回来，所以情绪也相对理智。她哽咽着对妈妈说："好吧！"听着丝丝勉为其难的"好吧"，妈妈松了口气。果然，这次丝丝只是掉了几滴眼泪，不再像以前那样歇斯底里了。这样一个星期之后，丝丝终于可以平静地面对妈妈离开了。

事例中，妈妈的做法是对的。如果在家庭这种熟悉的环境里，孩子都不能忍受妈妈离开，那么等到进入幼儿园面对陌生的环境，孩子的分离焦虑症会更加严重，也会持续地哭泣。记得有一位幼儿园的老师说，有个孩子上幼儿园，整整哭了两个月。对于这样的孩子，如果父母能够早些进行分离训练，缓解孩子的焦虑状况，情况就会好得多。

对于年幼的孩子而言，没有分离经验的他们根本不知道分离具体意味着什么，为此常常误以为分离就是彻底离开。所以爸爸妈妈首先要让孩子相信一点，那就是爸爸妈妈离开之后，到了一定时间就会回来，回到孩子的身边。当孩子形成正确的思想意识，他们才会有安全感，也才能够接受与爸爸妈妈的短暂分离。当孩子的分离焦虑情绪非常强烈时，父母一定要有的放矢地缓解孩子的情绪，让孩子循序渐进地接受分离。

在给予孩子缓冲时间接受分离的同时，父母也要加大力度构建孩子的安全感，让孩子内心笃定。作为父母，既要照顾好孩子的饮食起居，也要关注孩子的心理和情感需要。唯有在父母的爱与关注中成长的孩子才有接纳这个世界的安全感，才会更加积极乐观，成为一个快乐的人。

孩子跌倒为何哭泣

很多父母都发现，孩子在跌倒后的第一时间不管疼不疼，哪怕只是摔了个屁股蹲，也会马上哭起来。这就意味着孩子不是因为疼才哭，而是因为内心的紧张和恐惧，导致他们不得不以哭声来发泄自己的情绪。从这个角度来说，很多父母在发现孩子跌倒之后，总是第一时间去把孩子扶起来，检查孩子是否受伤，如果孩子跌倒的情况不严重，那么这样的反应是没有必要的。

现代社会，大多数家庭里只有一个孩子，为此父母理所当然把孩子当成了掌上明珠，捧在手里怕摔了，含在嘴里怕化了，结果在父母过度的爱中，孩子变得越来越娇滴滴，还很任性。实际上，孩子在成长过程中不可能不受委屈，常常会面临挑战。作为父母，要学会对孩子放手，让孩子从蹒跚学步到健步如行，才有利于孩子的成长。

对于孩子而言，在成长的过程中，他们需要迈过很多道

如何了解孩子的心理

坎。孩子脱离母体是第一道坎，他们从黑暗温暖的子宫突然进入光明冰冷的世界，所以会哭泣。而在1岁之后，孩子学习走路，则是紧接着出生的又一道坎。在此之前，孩子一直在父母的怀抱中，得到父母无微不至的照顾和保护，而当摆脱父母的搀扶，开始跟跄着展开探索之旅时，孩子的内心也经历了很大的变化。从本质上而言，孩子之所以行走，并非是为了练习行走的技能，而是因为他们随着不断成长对于外部世界越来越好奇，他们不满足只留在父母的怀抱中，而是希望通过自如地行走，来探索生活中更多的领域。

在成长的过程中，孩子总要经历磕磕绊绊，父母不能因为心疼孩子，就在孩子跌倒的时候马上飞奔过去，安抚孩子，或者诅咒绊倒孩子的桌椅板凳等。父母的表现越是过于激烈，孩子就越是紧张和恐惧，甚至原本没有感到疼痛的他们，也会因为父母紧张情绪的感染，变得更加恐惧。

具体来说，当孩子摔倒，在确保孩子没有大碍的情况下应这样做。首先，父母要鼓励孩子站起来。父母的鼓励，会给予孩子莫大的勇气，孩子会第一时间做出正确反应：站起来，拍拍身上的尘土，继续前行。记住切勿盲目飞奔向前，否则父母的紧张情绪会感染孩子，让孩子瞬间内心崩溃。其次，如果孩子摔倒之后就哭了，那么父母先要检查孩子的伤势。确定没有大碍之后，让孩子在父母的怀抱中哭泣片刻，等待孩子平复情绪。注意，面对哭泣的孩子，切勿指责孩子胆小怯懦，否则在孩子情绪崩溃的状态，父母这样的负面评价会给孩子的内心带来严重的打击。最后，也是必不可少的一步，就是引导孩子总结经验。孩子只有知道自己为何会摔倒，以及如何避开在同样的地方再次摔倒，才能合理有效地保护自己。这个步骤很重要，当孩子意识到自己可以避免伤害，他们就会充满信心，也会提升经验，让自己在成长的道路上养成坚毅勇敢的好品质。

记住，每个孩子在跌跌撞撞学步的阶段，都会跌倒很多次。没有孩子，可以不跌倒就学会走路的。即使已经学会走路的孩子，偶尔也会跌倒。因而面对孩子跌倒，父母一定要端正态度，孩子跌倒只要没有大碍，还会长得更加结实呢！如果孩子面对小小的挫折就马上哭天抢地，他们还有什么勇气去面对人生呢？所以父母的态度对于孩子的行为有很大的影响，当父母从容不迫，孩子就会更加勇敢。因而，作为父母，我们一定要以实际行动鼓励孩子开展对外部世界的探索！

委屈的孩子努力压抑哭声

和很多孩子在有任何不满的时候都马上大哭出来相比，有些孩子截然相反。他们在感到委屈的时候，非但不会撕心裂肺地哭泣，反而会努力压抑住哭声，把委屈憋闷在心里，从来不放纵自己去发泄。对于这样的孩子，父母要给予更多的关注。

否则，当孩子把负面情绪压抑在心里时间久了，就会承受巨大的压力，也会留下情绪的隐患。

很多父母都是急躁的脾气，一旦看到孩子有异常，总是不问青红皂白就劈头盖脸数落孩子一通。殊不知，这样做会加重孩子的委屈感受。面对孩子的异常表现，明智的父母一定要第一时间问清楚缘由，而且要了解整个事件的经过，不能断章取义，因为不了解事情始末就会委屈孩子。其次，面对委屈的孩子，父母先不要急于和孩子辩驳谁是对的、谁是错的，其实谁对谁错都不重要，重要的是疏导孩子的情绪，教会孩子以各种方式来宣泄情绪。强烈的负面情绪对于孩子的身心发展都是有害的。因而父母的当务之急是帮助孩子疏通情绪，从而让孩子以合理的方式恢复平静。即使孩子的委屈无厘头，父母也要先认可孩子的情绪，等到孩子恢复平静，再引导孩子理性思考。如果孩子的委屈的确是有理有据的，那么父母就要有效帮助孩子发泄情绪。如果孩子喜欢运动，就陪着孩子运动；如果孩子喜欢看动画片，还可以批准孩子看动画片；还有的孩子喜欢读书或写日记。总而言之不管是哪种方式，只要能够帮助孩子消除负面情绪，就是好的方式。当各种宣泄情绪的方法不能对孩子起到良好的作用时，又或者孩子年纪比较小，还不能有效驾驭情绪，那么父母还可以想办法帮助孩子转移注意力。很多时候，极度愤怒持续的时间相对短暂，只要过去愤怒的时间点，孩子就能相对平静。而父母要做的，就是帮助孩子度过极度愤怒的艰难时刻。

哭不是孩子的武器，是他在用特殊的语言表达自己 第 2 章

有一天，妈妈带着乐嘉去游乐场里玩，乐嘉最喜欢坐摩天轮，玩激流勇进。乐嘉正玩得高兴时，突然发现在休息区域有个小姑娘正在伤心地哭泣。热心的乐嘉和妈妈打了个招呼，赶紧跑过去询问小姑娘为何哭泣。原来，小姑娘找不到妈妈了。乐嘉拉起小姑娘的手，说："走吧，我妈妈就在那里，我让妈妈带你去游乐场的广播室找妈妈吧，你妈妈一定会听到的。"

乐嘉拉着小姑娘的手走了没几步，一个中年妇女突然冲过来，对乐嘉喊道："放手，放手，你这个孩子小小年纪想干吗？"乐嘉耐心地问中年妇女："阿姨，你是小妹妹的妈妈吗？她找不到妈妈了。"中年妇女大声说："我当然是她的妈妈，但是她可不认识你！"乐嘉说："我准备让妈妈带着她去广播室，这样她就能找到妈妈了。"中年妇女丝毫不听乐嘉的解释，说："现在丢钱有人捡，丢人也有人捡，谁知道你安的什么心思啊，小小年纪不学好！"说完，中年妇女就领着小姑娘走开了。乐嘉非常委屈，眼泪簌簌而下。这时，妈妈来到他的身边询问情况，但是他什么也没有说。妈妈知道乐嘉一定受了委屈，所以伸出胳膊把乐嘉揽在怀里，说："没关系的，我儿子是大男子汉！"妈妈的安抚让乐嘉哭得更厉害了，既然乐嘉不想说，妈妈也就没有问，更没有指责乐嘉狗拿耗子多管闲事。几分钟之后，乐嘉好了，他笑着对妈妈说："我相信这个世界上还是好人多！"

妈妈很了解乐嘉，看到乐嘉默默地掉眼泪，妈妈知道乐嘉

一定受了委屈。为此,妈妈不问,而是把乐嘉揽在怀里任由他掉眼泪。几分钟之后,乐嘉在妈妈的温暖怀抱中恢复了平静,也找回了积极的心态。

对于受了委屈的孩子,父母一定不要雪上加霜,而是要相信孩子,也要给予孩子时间去宣泄情绪。在这方面,性格外向的孩子自愈能力更强,而那些性格内向的孩子很容易因为受委屈变得更沉默,甚至对于身边的人都失去信心。为此,父母要时刻关注孩子的心灵,更要以正确的方法引导孩子发泄情绪,唯有如此,孩子才能健康快乐地成长,也才能拥有阳光明媚的人生!

以哭闹为手段获得心理满足

前文简单列举了孩子哭闹的原因,其中有一条就是,那些稍微大点儿的孩子或心眼更多的孩子,一旦发现父母容易对哭闹妥协,就会以哭闹为手段来要挟父母,获得心理满足。通常情况下,任性的孩子以哭闹作为撒手锏,胁迫父母同意他们请求的行为更加常见。

对于任性哭闹的孩子,父母往往感到束手无策。其实,任性的孩子之所以哭闹,就是为了获得心理满足。对于孩子来说,得到心仪的礼物,得到父母的关注,得到父母免除惩罚的特权,都属于他们的心理需求。为此,要想帮助孩子缓解哭闹的行为，父母就要采取正确的态度对待孩子的哭闹。很多父母误以为孩子什么都不懂，所以在与孩子相处的过程中，总是对孩子妥协。殊不知，孩子人小鬼大，他们的感情很敏锐，智商也很高。在一次两次，甚至三次四次看到父母对他们的哭闹妥协之后，如愿以偿的他们并不会特别感谢父母，反而在小小的脑袋瓜里琢磨着下一次如何以哭闹的方式达成目的。

不得不说，孩子不是生而就很任性的。只有在父母或其他长辈对孩子过度宽容的情况下，也总是一次又一次纵容孩子的情况下，孩子才会变得越来越任性。对于父母来说，要想引导孩子健康成长，就要适度满足孩子的愿望。如果父母从来不满足孩子的愿望，对于孩子过度严苛，也会伤害孩子脆弱的心灵；如果父母总是无条件满足孩子的愿望，孩子的欲望一定会变得越来越多，也会对父母提出更多过分的请求。所谓凡事皆有度，过度犹不及，对于父母来说，必须把握好合理满足孩子愿望的度，才能让孩子意识到父母的态度，也让孩子不为自己的行为辩解。这对于孩子遵守家庭规则，是很重要的。

如果此前父母并不了解孩子任性与哭闹的关系，而且孩子已经养成了哭闹的坏习惯，又该怎么办呢？这相当于是在纠正孩子的行为，比帮助孩子养成良好的行为习惯又上升了一个难度。首先，父母要坚定态度，不要因为孩子哭闹就心软，否则就会导致孩子变本加厉。其次，父母要与孩子事先约定好。例如，带着孩子去商场买玩具，就要和孩子明确约定只能买一个玩具，不能多买。孩子虽然小，父母也要有意识地培养孩子的诚信行为，让孩子知道既然答应了爸爸妈妈，就一定要做到的道理。再次，当孩子哭闹不休的时候，父母不要试图劝说孩子，也不要过度关注孩子。如果在家里，父母可以先行离开孩子一段时间，让孩子自己平复情绪；如果是在外面，父母要走到能够看到孩子的地方，即让孩子在自己的视线范围内给孩子独立的时间去恢复冷静。总而言之，在这个时刻，父母越急于和孩子沟通，越会让孩子意识到父母的态度是可以转变的，所以孩子的任性也就越来越严重。最后，父母对于孩子要适度批评和适时表扬。孩子很在乎父母的评价，为此，当孩子表现不好的时候，父母可以批评孩子；当孩子的行为有所进步的时候，父母就要适时表扬孩子。唯有如此，父母与孩子之间才能建立良好的亲子关系，也才可以陪伴孩子远离任性，变得更加理性。

特别需要注意的是，很多家庭对于孩子的多头教育模式，是导致孩子任性的根本原因。尤其是有老人的家庭里，当父母下狠心纠正孩子的任性行为时，老人因为隔代亲，也因为和孩子之间相处得更多，所以往往会更加溺爱孩子。在这种情况下，父母在教育孩子之前就要与老人约法三章，尤其是要让老人明白不管父母教育孩子的方式方法是否正确，老人都不能当着孩子的面否定父母，有问题可以背后沟通，不能让孩子钻空子，向老人寻求庇护。在家庭环境中，唯有全家人统一教育孩子的战线，才能对孩子起到最好的教育效果，也才能有效帮助孩子减少任性妄为的行为表现。

孩子为何会哭得喘不过气

细心的父母会发现，很多孩子一旦哭泣，就显得特别愤怒，往往会喘不过气。民间认为这样的孩子脾气暴躁、气性大。实际上，孩子之所以在剧烈哭泣的时候喘不上气，是因为他们在哭泣的时候，呼气变得更长，这样一来，就无法及时吸气，也就无法给身体提供充分的氧气。基于这个原因，孩子如果哭泣的时间很长，他们肺部所吸纳的新鲜空气就更少，所以孩子哭着哭着就会出现上气不接下气的情况。

在正常状态下呼吸时，呼气结束，其实肺泡里依然有至少80%的空气。在哭泣的状态下，孩子虽然呼气长吸气短，但是肺部循环系统依然会正常工作，把肺部的氧气输送到血液之中。为此，肺部的氧气供给出现断流的情况。尤其是当孩子哭泣得很剧烈的时候，因为身体过于用力，所以他们肺部留下的空气含量不足80%，而在这种情况下，肺部循环系统依然会把少量的空气输送给血液，不但导致肺部空气含量不足，也导致供给血液的氧气不足。从呼吸系统的机能来看，孩子在哭泣的时候总是喘不过气，哭泣越剧烈，氧气供给越紧张，也就不足为奇。

此外，哭泣可不是如同散步一样悠然自得的身体运动，而是剧烈的身体运动。当孩子声嘶力竭地哭闹时，短时间之内就会消耗掉大量的能量和氧气含量，血液中的氧气含量因为运动大量消耗就会降到一个比较低的水平。由此可见，哭泣对于孩子的氧气供给更是雪上加霜。一则是供给少了，二则是消耗大了，为此很多孩子在哭泣的时候都会憋得脸色发青，让父母心惊胆战。

当发现孩子哭泣的时候有异常表现时，父母一定不要以为是孩子性格暴躁导致的，只要了解其中的身体运行原理就不足为惧。前文说过，哭是孩子与生俱来的语言，孩子从呱呱坠地开始，就本能地会用哭泣来表达自己的需求、情绪等。因而父母在教养孩子的过程中，不管是为了照顾好孩子，还是为了避免孩子哭得喘不过气，都应该学会观察孩子的哭声。

除了有需求需要满足，孩子在身体不舒服的时候，往往也会哭泣。患有不同的病症，孩子哭泣的声音也是不同的，父母要认真辨识。当然，孩子因为疾病呈现不同的哭声，主要是因为症状不同，孩子的痛苦程度不同。例如，孩子感冒发烧，如果病情没有那么急，孩子的哭泣往往是哼哼唧唧、断断续续的。孩子有消化不良的症状，往往是在夜晚睡觉之后腹胀的感觉更明显，所以他们在入睡之后会因为烦躁而睡不安稳，又因为困倦时而睡着时而醒来哭泣。父母不但要观察孩子的行为，洞察孩子的内心，还要关注孩子的身心状况。很多父母在养育孩子之后，对于孩子的头疼脑热有了一定的了解，也算是半个家庭医生了。

不得不说，养孩子真的是劳心费力的一件事情。作为父母，要成为全能手，才能应付孩子在成长过程中出现的各种状况。当然，父母用心地养育孩子，自身也会获得成长。那么，当好父母，从了解孩子的哭声开始做起吧！

第 3 章

观察不寻常的生活习惯，探寻孩子的本质问题

每个孩子都是独立的生命个体，他们在生命历程中的展现是不同的，但规律是相同的，这就是说孩子的成长既有共性，也有个性。父母作为最近距离接触孩子的人，要善于观察孩子不同寻常的生活习惯，从细微处了解孩子的内心，探寻孩子最本真的人生呈现。

让孩子爱上刷牙很重要

孩子为什么不喜欢刷牙呢？很多父母对于这个问题都百思不得其解，难道孩子喜欢牙疼的滋味吗？当然不是。孩子不喜欢刷牙的原因千奇百怪：有的孩子觉得刷牙是在浪费时间，有刷牙的工夫，他们更愿意多玩几分钟；有的孩子不喜欢嘴巴里有异物，因为过于排斥牙刷，他们在刷牙的时候会出现干呕的情况；有的孩子不喜欢牙膏的味道，那么父母就要尊重孩子的意见，为孩子选购他们喜欢的牙膏；有的孩子认为刷牙太无趣了，当然，刷牙肯定是没有游戏有趣……面对各种各样的原因，父母如何才能让孩子爱上刷牙呢？

毋庸置疑，对症下药才能解决问题，对于不喜欢牙刷的小朋友，可以换成电动的，给孩子带来新鲜感；对于不喜欢味道的小朋友，可以选购他们喜欢的味道；对于认为刷牙无趣的小朋友，不如给他们准备一个沙漏，让他们一边刷牙，一边欣赏沙漏……所谓上有政策，下有对策，大概就是如此吧。

还有的孩子之所以不愿意刷牙，是因为父母从未培养过孩子刷牙的习惯，本身对于孩子刷牙的态度就不够坚定，为此在监督孩子刷牙的过程中总是三天打鱼两天晒网，结果可想而知，哪个孩子不想偷懒呢？尤其是对于自己本来就不愿意做的事情。因而从父母的角度来说，必须端正态度，认识到刷牙的重要性，才能督促孩子刷牙，帮助孩子养成刷牙的好习惯。

从生理学的角度来说，人类在摄入食物的时候，首先就是把食物放入口腔里进行咀嚼，因而也可以说口腔是人类健康的大门。常言道，病从口入，是有道理的。要想保证身体健康，除了要保证进入口中的食物干净清洁之外，还要保证口腔的干净卫生、没有溃疡，也要保证牙齿是很坚固的，没有龋齿。有口腔科的专家经过研究证明，在现代社会中，幼儿龋齿占据口腔疾病很大的比例。而且，随着生活水平的提高，幼儿龋齿的患病比例还在持续攀升。聪明的父母看到这里一定知道，要想保证口腔健康和卫生，就要从幼儿开始着手，这样才能循序渐进养成良好的口腔卫生习惯。

当然，让孩子爱上刷牙，觉得刷牙是每天都要做好的一件事很重要。在家庭生活中，父母对孩子的身教作用大于言传，为此父母一定要为孩子做好榜样。在孩子刷牙的时候，父母可以和孩子一起刷牙，看着镜子里一大一小两个人同时刷牙，是不是也很有趣呢？在此过程中，父母还可以给孩子示范如何正确刷牙。需要注意的是，很多人的刷牙方式都不正确，也有一部分人采取横着刷牙的方式，导致牙龈受伤严重。因此在教孩子刷牙的时候，父母首先要保证自己的刷牙方式是正确的，这样才能让孩子一步到位，动作规范，也更好地保护牙齿。

很多孩子对于龋齿都怀有侥幸心理，尤其是当父母告诉他们如果不认真刷牙，牙齿就会长虫子的时候，他们也许一开始还会害怕，日久天长就会不以为然。为了帮助孩子重视刷牙，认识到口腔卫生的重要性，父母不妨带着孩子去口腔科进行实地考察，还可以让孩子假扮小医生给父母看牙。在此过程中，孩子会更加认识到口腔卫生的重要性。

要想保持口腔卫生和健康，还要从饮食方面加以控制。现代社会，之所以有越来越多的幼儿患上龋齿，就是因为如今的孩子有条件吃大量的甜食，还有的孩子喜欢喝可乐等碳酸饮料，这些饮料也会腐蚀牙齿。所以，父母在给孩子搭配健康饮食的时候，就要告诉孩子少吃甜食、少喝碳酸饮料，更要适度拒绝巧克力等糖果，这样才能维持口腔的清爽环境，有助于牙齿健康。

记住，好习惯要从小养成。如今很多卫生观念很强的父母，哪怕在孩子还没有长牙的时候，也会用纱布包裹手指，或者是买专用的硅胶指套牙刷，给孩子按摩和清洁牙龈，这对于帮助孩子爱上刷牙有利无弊。

教孩子成为家庭小主人

我国的第一代独生子女已经走入社会，成家立业，也为人父母。他们之中的大多数人，在生育年龄时，还只生一个孩子。这就造成了一种独特的社会现象，那就是四个老人，看着一对年轻的夫妻，而这对夫妻只有一个孩子。这就是4-2-1家庭结构。在4-2-1家庭结构里，四个老人都疼爱自己的孩子，为了照顾好自己的孩子，也因为隔代亲，他们更加疼爱孙辈。为此，作为家里一根独苗的孩子，从小就在父母无微不至的照顾和爷爷奶奶、姥姥姥爷全心全意的呵护下成长，理所当然过起衣来伸手、饭来张口的生活，什么都不用做，也什么都不会做。

然而，父母即使再爱孩子，也不可能始终呵护、陪伴和照顾孩子。渐渐地，祖辈老去，父母也日渐衰老，孩子必须支撑起整个家庭，面对属于自己的人生。在这种情况下，如果孩子在长期的溺爱中一无所能，他们又该如何经营自己的人生呢？所以明智的父母不会一味地溺爱孩子，更不会把孩子养育成"巨婴"，而是会根据孩子成长的脚步，有的放矢地锻炼孩子的能力，提升孩子的实力，这样一来，有朝一日孩子成为家庭栋梁，才不至于抓狂，也能够拥有属于自己的人生，活出自己的精彩。所以当孩子表现出过度懒惰的行为时，父母一定不要为了疼爱孩子而骄纵孩子，而是要当机立断找机会锻炼孩子。常言道，自古英雄多磨难，从来纨绔少伟男。孩子在成长的过程中多吃苦没关系，这是先苦后甜。如果孩子从未吃过苦，也没有任何担当，那么将来可有的苦要吃呢！

放学之后，乐嘉很快就把作业写完了，然后就窝在沙发上看电视。爸爸要加班,晚些才能回家,所以妈妈一边准备晚饭,一边惦记着水池里的碗筷还没有洗呢!为此,妈妈喊乐嘉:"乐嘉,来帮妈妈洗碗筷,这样爸爸回家就可以吃饭了!"乐嘉假装没听见,坐在沙发上根本没动窝。妈妈等了半天没有等到乐嘉的回应,有些窝火,拿着锅铲径直走到电视机前,关掉电视机,严肃地对乐嘉说:"乐嘉,我让你洗碗,你没听到吗?"乐嘉皱着眉头说:"碗筷不都是爸爸洗吗?"妈妈说:"爸爸加班,要晚点儿回来。"乐嘉还是纹丝不动:"那等爸爸回来再洗吧!"妈妈实在控制不住怒气,训斥乐嘉:"你这个孩子怎么回事,爸爸今天加班,那么辛苦,你就不能洗碗吗?还非得留给爸爸下班回来再洗吗?"看到妈妈语气激动,乐嘉这才极不情愿地从沙发上站起身,走到厨房去洗碗。

如今,有几个孩子能主动做家务,以为父母分担家务为傲呢?他们总是能懒就懒、能躲就躲,根本不愿意做任何事情。这正是孩子缺乏吃苦精神的表现。当然,孩子不是生而就勤快的,也不是生而就懒惰的。孩子之所以懒惰,与父母的教养有密不可分的关系。

很多妈妈都是全能手,家里家外一把抓,总觉得有些活儿与其让孩子干,孩子又干不好,妈妈还得跟着收拾残局,不如自己去干呢!正是妈妈这样的思想,导致她们无形中剥夺了孩子做家务锻炼能力的机会,为此孩子乐得清闲,也就越发懒惰。还有的家里有老人帮忙，老人特别疼爱孙子孙女，就连学校里进行大扫除，他们都要拿着抹布、笤帚去给孩子代劳，更何况是在家里呢？长此以往，孩子形成了以自我为中心的错误思想，还误以为连宇宙都是围绕着他们旋转的，根本不会主动做事情。有些孩子还特别贪婪，他们从来不感激父母的付出，只是抱怨父母对他们过度管教。这样不知感恩的思想是很危险的，父母要警惕和重视。

此外，有很多父母特别看重孩子的学习，当孩子对做家务有兴致，也想进行实际操作的时候，父母直接告诉孩子："你的任务就是学习，你只要把学习成绩搞好，我们对你没有更多的要求。"学习和做家务之间是相互矛盾的吗？当然不是。孩子可以做家务，也可以好好学习，一个爱做家务的孩子，在实际能力得以提升的同时，学习能力也会水涨船高。所以父母不要先对孩子口不择言，误导孩子对做家务和好好学习产生错误的思想认识。

为了帮助孩子养成做家务的好习惯，父母可以要求孩子做一些力所能及的家务活。孩子也许一次两次都做不好，只要练习的次数越来越多，他们就会做得更好。当然，在做家务的过程中，简单的家务活孩子可以自己做，难度大一些的家务活，父母也不要让孩子放弃，而是可以和孩子一起做。在此过程中，父母与孩子之间既有分工，也有合作，干活的效率也会更高。记住，现代社会已经不是万般皆下品，唯有读书高的时代，如果孩子只有理论知识而缺乏实践能力，同样无法适应现代社会的要求。父母要让孩子积极进取、努力拼搏，这样孩子才会真正成为人生的强者，在成长的过程中兵来将挡，水来土掩，从而在人生中所向披靡。

强迫症的孩子容易患上洁癖

在日常生活中，大多数年纪偏小的孩子因为没有养成良好的卫生习惯，也因为自身能力的限制，所以在个人卫生方面没有出色的表现，显得邋里邋遢。也有极少数孩子很爱干净，讲究卫生，所以不管走到哪里都很受欢迎。毋庸置疑，爱干净、讲卫生，是良好的生活习惯，但是凡事皆有度，过度犹不及，当孩子过度爱干净，也因为追求极致的卫生而给自己和他人带来困扰的时候，就有强迫症的倾向，也会患上不同程度的洁癖。

从心理学的角度而言，洁癖是心理疾病的一种，绝不是单纯爱干净的表现。作为父母，当发现孩子过度追求干净卫生，而且表现出强迫的倾向时，一定要及时帮助孩子调整心理状态，必要的时候还可以求助于心理医生帮助孩子减轻洁癖症状。心理学家经过研究发现，七成以上的洁癖患者，他们的性格特征都表现出强迫倾向，为此他们总是内心紧张，不但对于自己要求很高，而且对于身边的人也往往很苛刻。实际上，现实生活中，没有什么事情是绝对的，作为父母，在要求孩子的时候就不能走极端，否则会给孩子带来负面的影响。在父母有强迫症状的家庭里，孩子也往往表现出强迫性格。因而要想避免孩子的性格出现强迫的特征，父母就要对孩子更加宽容，也要引导孩子接纳自己的不完美。

通常情况下，那些性格争强好胜的孩子，更容易对自己提出苛刻的要求和过高的目标，而且，他们不达目的誓不罢休。也许有人会说，这样的性格很好啊，可以让孩子自己管理自己。的确，适度地进行自我管理，有助于孩子提升自身的能力，但是过度的自我管理，只会让孩子陷入怪圈，无法宽容自己。就像人生存的这个环境一样，不可能做到绝对干净卫生，没有任何细菌和脏污。实际情况是，只要脏污和细菌在一定限度内，就不会对人的生活产生负面影响，也就是可以坦然接受的。当发现孩子很好强，也过度讲究干净，父母不要继续强化对孩子的要求，而是要宽容地对待孩子，让孩子坦然接受不够干净的一切。唯有孩子对于生活的常态采取接纳的态度，才能够获得安全感，也才可以有效说服自己不要奢求绝对干净。

需要注意的是，当父母发现孩子已经出现强迫症状，且在卫生方面总是过度苛求自己的时候，不要严厉训斥孩子，也不要严令禁止孩子，而是要做到宽容地接纳孩子。父母极端的处理方式只会导致孩子的强迫和洁癖症状更加严重。此外，父母还要转移孩子的注意力，让孩子从现实生活中找到更多的乐趣。众所周知，每个人的时间和精力都是有限的，当孩子把更多的时间和精力用于玩耍，发现生活中有趣的事情，他就不会一直盯着卫生不放松。

有的时候孩子的强迫和洁癖症状比较严重，父母就要带着孩子去看专业的心理医生。心理医生会根据孩子的强迫和洁癖症状，给孩子做出诊断，帮助孩子进行治疗。在治疗之初，孩子一定会感到很痛苦，父母要有的放矢地转移孩子的注意力，帮助孩子减轻痛苦的感受。等到治疗见效，孩子不再那么强迫自己，也不再对于卫生情况耿耿于怀，他就能够从容地生活。

不管是忽视孩子的强迫和洁癖行为，还是带着孩子向心理医生求助，接受心理治疗，对于孩子来说，都只能缓解症状。要想让孩子彻底摆脱强迫症和洁癖，父母就要在日常生活中循序渐进帮助孩子建立内心的秩序。通常情况下，引起孩子强迫症的一定是他们非常重视和在乎的事情，父母要让孩子内心放松，也要告诉孩子很多事情并非想象中那么重要，那么孩子就会分清楚轻重主次，自然也就不会揪着小问题不愿意放手，更不会因为不值一提的小事情折磨自己。

孩子为何喜欢枕头或毛绒玩具

有些孩子很喜欢抱着毛绒玩具或枕头，甚至有些成人在离开家到陌生的环境里时，也会带着随身的毛绒玩具或枕头，这是为什么呢？归根结底，是因为孩子缺乏安全感，也有可能是小时候不愉快的生活经历，让他们把安全感寄托在某一个东西上，即使长大成人，他们也无法摆脱对这个东西的依赖。

面对缺乏安全感的孩子，父母一定不要指责孩子胆小等，更不要给孩子贴上怯懦的负面标签，而是要更加关注孩子，给予孩子足够的爱与关注。有些新手父母迷信教育专家的话，在新生儿出生后的一段时间里，很少抱起新生儿，生怕惯坏了新生儿。实际上对于婴儿来说，父母再怎么疼爱他们，都是不为过的，这有助于孩子建立安全感，而不会让孩子恃宠而骄。现代社会，很多父母忙于工作，误以为孩子年幼的时候还没有记忆，什么也不懂，就把孩子交给老人带养，甚至把孩子送回老家。殊不知，3岁之前正是孩子性格形成的关键时期，这段时期父母不陪伴孩子，就是在孩子的成长中缺位，会导致孩子缺乏父母的关爱。这样一来，孩子如何能够健康快乐呢？

没有人能够取代父母在孩子成长过程中的重要作用，即使爷爷奶奶、姥姥姥爷再爱孩子，父母也是陪伴孩子成长的不二人选。既然决定生养孩子，父母就不要在孩子的成长过程中缺席。如果孩子渴望得到父母的关爱和照顾，却不知道父母在哪里，他们就会在本能的驱使下寻求替代物。他们或者找到了柔软的枕头，或者找到了毛茸茸的玩具，或者发现了可爱的娃娃。细心的父母会发现，孩子不但睡觉的时候会抱着这些寄托感情的东西，而且在白天的时候，如果心中闷闷不乐或非常开心，也会情不自禁对着这些物品窃窃私语。

作为父母，不要再觉得婴幼儿不需要与父母相处，更不要认为等到小学入学时再把孩子接到身边就可以。还在婴儿时期，孩子就开始观察周围的环境，为此父母也要从这个阶段开始帮助孩子建立安全感。工作固然重要，孩子的成长更加重要，如果偶尔因为要出差不得不离开孩子，在孩子入睡之前，父母也要与孩子视频聊天或通电话，这样孩子才会知道父母就在身边，也可以安心地入睡。

随着不断地成长，孩子到了与父母分床分房的年纪，很多父母迫不及待想要提前给孩子分房间。其实，对于孩子来说，5岁前后分房间是比较合理的，过早还是过晚都不好。孩子太小的时候分房间，会感到害怕；孩子过大的时候分房间，因为已经养成了对父母的依赖，往往分起来很困难。在与孩子分房间的时候，父母要为孩子精心挑选玩具，也要为孩子营造良好的居室氛围，这样孩子才会保持愉悦的心情入睡。孩子偶尔不想独自入睡，父母也不要训斥孩子，可以陪伴孩子，温柔地抚摸孩子的头，或者柔声细语地给孩子讲故事，这都有助于孩子建立安全感，也有助于孩子养成良好的睡眠习惯。

父母的陪伴，就是对孩子最长情的告白。在成长的过程中，孩子不需要有最好的物质条件，也不需要住豪华的大房间，父母在的地方对于他们而言就是家。所以爸爸妈妈不要再以忙于工作为借口而忽略孩子，也不要把孩子送到千里之外。孩子的成长转瞬即逝，从现在开始，每一个夜晚都陪伴在孩子身边，相信孩子一定会渐渐地摆脱对枕头、毛绒玩具的依赖！

孩子为何总是磨牙

很多孩子都有磨牙的行为，对此，爸爸妈妈感到非常困惑，不知道孩子为何磨牙，更不知道如何才能缓解孩子磨牙的行为。还有些父母误以为孩子磨牙是因为牙齿不好，因而带孩子去看口腔科。实际上，这完全不对症，因为孩子磨牙不是牙齿的问题，而是因为身体内钙含量不足，或者是晚餐吃得太多导致的。

有一段时间，妈妈常常听到甜甜半夜里磨牙，细心观察甜甜白天的行为举止后发现一切正常，为此感到很困惑：甜甜为何会磨牙呢？观察了一段时间之后，甜甜磨牙的行为非但没有好转，反而越来越严重。为此，妈妈决定带着甜甜去医院检查身体。

因为不知道磨牙要挂什么科室，妈妈特意去咨询台咨询，护士告诉妈妈要挂内科，对孩子进行检查。妈妈丈二和尚摸不着头脑：磨牙和内科有什么关系，是不是要看口腔科呢？到了内科诊室见到医生，妈妈说了甜甜的情况，医生当即给妈妈开了微量元素的检查单，还让妈妈取甜甜的大便进行化验。等到检查结果出来后，医生告诉妈妈："孩子的消化没有问题，是缺钙了。"再结合甜甜这段时间猛蹿个子，而且经常在睡着之后流汗、感觉膝盖部位酸痛的情况，医生更加断定甜甜就是缺钙，而且引起了生长痛。医生给甜甜开了一个疗程的补钙冲剂，还要求妈妈在这个疗程之后，继续给甜甜摄入补钙的保健品。妈妈这才明白，原来缺钙还会导致磨牙！

如今的孩子生长发育速度很快，从在娘胎里就开始补钙，出生之后更是吃鱼肝油，坚持晒太阳，但是到了身高猛蹿的日子，孩子还是会缺钙。为此，妈妈对于给孩子补钙这件事情一定要重视，这样才能持续给孩子补钙。如果孩子长期缺钙，或者缺乏维生素D，则会患上佝偻病，导致体形发生改变。佝偻病除了缺钙之外，还会夜晚惊啼、烦躁盗汗等。所以妈妈一定要密切关注孩子的成长情况，及时为孩子提供充足的营养物质，保证孩子在生长过程中营养均衡。

除了缺钙会导致孩子磨牙之外，有的孩子晚餐吃得太多，或者夜晚入睡前又吃了东西，则导致消化系统连夜加班，并且带动口腔做咀嚼动作，于是孩子就会磨牙。实际上，磨牙是孩子在潜意识里接受消化系统的指令。因而为了避免孩子磨牙，晚餐最好不要让孩子吃得太饱，也要以清淡爽口为宜。此外，入睡前最好不要让孩子再吃东西，否则不利于身体健康，也会导致消化系统得不到休息。

当孩子感到精神紧张兴奋的时候，也会出现磨牙的行为。例如，父母在孩子睡觉之前给孩子讲了一个很恐怖的故事，让孩子感到害怕；孩子在入睡前看了一部动画片，在入睡之后依然精神活跃。这些都会导致孩子受到磨牙困扰。

当然，就像事例中的妈妈所想的那样，磨牙的确与牙齿的健康情况有关系。有的孩子牙齿生长不整齐，或者因为睡觉的时候姿势不正确，都会导致咀嚼肌异常收缩做出磨牙动作。总而言之，对于孩子的成长来说，磨牙只是一个小小的异常，只要父母及时发现，也对孩子采取有效的防范措施，就可以有效避免孩子磨牙。如果磨牙是因为缺钙，或者是因为牙齿不整齐，那么就要寻求专业医生的帮助，才能及时缓解症状。从精神愉悦的角度来说，在孩子入睡前，父母不应批评和训斥孩子，而要为孩子营造良好的睡眠环境，让孩子与好梦相伴。

边吃边玩不是好习惯

很多孩子都没有良好的用餐习惯，这是因为他们从小吃饭的时候就不能做到专心致志，而父母为了哄孩子多吃饭，就对孩子的行为睁一只眼闭一只眼，无形中纵容了孩子错误的就餐行为。长此以往，孩子玩也玩不好，吃饭也吃不好，还有可能因为玩耍的时候过于兴奋，而导致被口中的食物呛到或噎到，后果非常严重。因此，为了帮助孩子养成良好的就餐习惯，父母一定要坚持原则，也要以身作则。

丝丝已经3岁了，但是就餐习惯非常不好。从小，丝丝就不认真吃饭，每次吃饭的时候，妈妈都要喂丝丝很长时间，直到把饭喂冷了，没法吃了，妈妈才作罢。记得丝丝1岁前后刚刚学会走路，对于走路有很大的热情，为此每次吃饭的时候，妈妈都要端着碗跟在丝丝身后，追着丝丝喂，又要担心丝丝走路不稳当摔倒，又要担心喂饭的时候汤勺不小心戳到丝丝的嘴巴，每顿饭都喂得提心吊胆。

后来，丝丝不想跑了，就一边玩玩具一边吃饭。到了2岁之后，丝丝更是迷恋上看电视，几乎每顿饭都是坐在电视机前面吃的。也有人提醒妈妈要改掉丝丝边看电视边吃饭的坏习惯，但是每次丝丝都哭闹不休，妈妈不想劳神，也就妥协了。有一次，丝丝边吃饭边看"熊出没"系列电影。看到高兴的时候，她忍不住哈哈大笑起来，结果被嘴巴里的饭菜呛到，足足咳嗽了半小时，鼻涕眼泪都出来了，也把妈妈吓个半死。从此之后，妈妈再也不允许丝丝吃饭的时候看电视。一开始，丝丝当然不愿意，但是妈妈意识到了问题的危险性，态度非常坚决。在赌气好几次没有吃饭之后，丝丝意识到妈妈的态度，也就勉强妥协了。后来，丝丝要上幼儿园了，爷爷奶奶来到家里负责接送丝丝上幼儿园。爷爷看电视有瘾，每次吃饭的时候都目不转睛地对着电视，至于吃了什么完全不在意。不出几天，丝丝看到爷爷看电视，也叫嚷着要看电视。

无奈之下，妈妈只好与爷爷认真交谈，告诉爷爷吃饭看电视的坏处，而且告诉爷爷丝丝上次吃饭看电视差点呛出毛病。爷爷爱孙女心切，只好改掉吃饭看电视的坏习惯，果然，丝丝再也没有要求吃饭看电视。

从生理的角度来说，吃饭的时候必须专心致志，才能促进食物的消化吸收，如果吃饭的时候总是三心二意，日久天长就会导致消化系统功能紊乱，也会导致孩子腹胀，或者胃部疼痛等，对于孩子的健康成长是绝对没有好处的。如果说对于消化系统的影响是长期形成的，那么孩子在吃饭的时候玩耍跑跳，或者嬉笑打闹，一旦食物呛入气管，轻则导致孩子咳嗽不停，也许需要去医院用气管钳才能取出异物；重则阻碍孩子呼吸，危及孩子生命。事例中，丝丝的妈妈此前虽然知道边玩耍或边看电视吃饭对健康不利，但是没有对此引起足够的重视，直到丝丝因为吃饭不专心呛到咳嗽，咳得鼻涕眼泪一把抓，妈妈才下定决心改掉丝丝的坏习惯。作为父母，在意识到某种行为对孩子有致命危险的时候，一定要坚持原则，帮助孩子改掉错误行为，养成良好习惯，否则父母的纵容会让孩子变本加厉，也会导致孩子面临危险。

在孩子进餐的过程中，为了帮助孩子养成专心致志吃饭的好习惯，父母一定要排除干扰。几十年前，很多家庭都住着平房，尤其是在天热的日子里，父母都喜欢在院子里摆一张桌子，在凉风习习中用餐。这种情况下，孩子一旦看到同院的小伙伴在玩，根本没有心思吃饭。事例中，妈妈和爷爷郑重其事地沟通，告诉爷爷吃饭时看电视不但不利于自己的身体健康，而且会对丝丝起到负面影响，也是在帮助丝丝消除就餐的干扰因素，让丝丝能够专心吃饭。现代社会，很多父母都是低头族，吃饭的时候喜欢看手机，试问：如果父母吃饭都在看手机，忽视了餐桌上的氛围对于孩子的重要影响，孩子还能做到专心致志地吃饭吗？所以父母要给孩子树立好榜样。

除了排斥干扰因素之外，父母要想帮助孩子养成良好的用餐习惯，还要从自身做起，纠正错误的就餐行为。例如在吃饭的时候，父母之间最好不要大声喧哗和交流，否则孩子也会养成吃饭说话的坏习惯，这不但是没有礼貌的行为，也不利于安全用餐。

当然，纠正孩子的错误行为只是一个方面的努力。从另一个方面来说，父母还可以想方设法做孩子爱吃的食物，用色香味俱全的美食把孩子吸引到餐桌旁，这样孩子自然会埋头大吃，狼吞虎咽，没有时间去关注其他的事情，也不会做与吃饭无关的行为。总而言之，要想帮助孩子养成良好的就餐习惯，让孩子摄入充足的营养，父母就要从各个方面行动，面面俱到地保证孩子的健康成长！

第 4 章

孩子的语言仔细听，话里话外藏心声

很多父母都觉得孩子口无遮拦，实际上，这正是孩子内心状态的表现。孩子心地纯真，不会刻意掩饰自己，往往心中怎么想的，口中就怎么说。即便如此，因为孩子的语言表达能力有限，他们无法微妙精确地形容自己的内心，所以父母在倾听孩子的时候一定要注意细节，才能透过语言的表象洞察孩子的内心。

我是谁，从哪里来

孩子在1岁之前，自我的意识很弱，甚至认为自己与外部世界是浑然一体的。到了两三岁，随着自我意识的不断萌芽和觉醒，孩子越来越独立，也把自己与外部世界区分开来。为此，两三岁的时候，孩子最喜欢说的话就是"这是我的"。这个阶段，孩子还没有明确的无权归属概念，他们对于东西霸占的理由很简单——我喜欢。为此，他们总是把"我的，我的"挂在嘴边。在这个过程中，父母要有意识地引导孩子，帮助孩子区分哪些东西是属于自己的，哪些东西是属于别人的，这样一来，孩子才能避免成为"小霸王"，也学会分享。

随着不断地成长，孩子到了4岁前后，在潜意识的驱使下开始探索生命的起源。他们总是喜欢问爸爸妈妈："妈妈，我是从哪里来的？"对于这个问题，很多传统的爸爸妈妈都觉得难以启齿，所以他们会对孩子敷衍了事，告诉孩子"你是从垃圾堆里捡来的""你是天上掉下来的""你是土里挖出来的"，总而言之，爸爸妈妈的回答千奇百怪，让人听来忍不住啼笑皆非。实际上，孩子对于自我的探索与对生命本源的探索是相互重叠的，所以父母不应该敷衍孩子，而是应该理性地回答孩子的问题，也正好以此为契机对孩子进行关于生命的科学教育。

相信很多父母在被孩子问起"我是从哪里来的"这个问题时，都会感到很尴尬，也不知道如何才能给予孩子合理的解释。实际上，生命的来源，与性是密切相关的。作为人类繁衍生息的方式，性在人类的生活中时常被提起，但几乎从未被重视。尤其是父母在面对孩子的时候，更是受到传统思想的影响，羞于对孩子提起性。当孩子对生命的追溯表现出好奇时，父母既不要胡编乱造欺骗孩子，也不要顾左右而言他转移孩子的注意力，而是要借此机会引导孩子，也理所当然对孩子开展性教育，这才是父母该有的态度。

此外，父母还需要注意的是，有的时候父母随口说出来敷衍孩子的话，却被天真无邪的孩子当真了。的确，有的孩子在被父母批评之后，哭着要去找自己的亲妈妈；也有的孩子选择离家出走，因为他们认为现在的家并不是他们真正的家。这一切让人啼笑皆非的现象之所以发生，就是因为父母选择对孩子隐瞒，或者对孩子撒谎。长此以往，孩子还如何相信父母呢？作为父母，要选择尊重科学，而不要为了隐藏本应该告诉孩子的真相，就对孩子犯更大的错误。

"妈妈的肚子里有一个房间，这个房间非常温暖，让人向往。爸爸的肚子里有很多的小蝌蚪，他们游来游去，有一天，他们从爸爸的肚子里游到了妈妈的肚子里，他们都想住进妈妈的房间，但是房间实在太小了，只能住进去一个小蝌蚪。为此，小蝌蚪们开展了比赛，只有游动最快的、最强壮的小蝌蚪，才能第一时间到达房间里。他在房子里不停地长大，就成了你。小蝌蚪在妈妈的房间里住了10个月，他越来越大，妈妈的房间无法容纳他，所以他决定从妈妈的肚子里出来。妈妈的肚子很疼，因为他在里面挣扎，妈妈只好到医院里寻求帮助。就这样，医生和护士阿姨一起帮助小蝌蚪降临人世，他就是你，我和爸爸就带着你回到了家。"讲到这里的时候，妈妈还可以比画一下，告诉孩子他在降临人世的时候有多大，也告诉孩子爸爸妈妈非常努力小心，才把他从那么小养成这么大。这样一来，不但可以让孩子知道生命的起源，也可以让孩子了解父母养育他的辛苦，与此同时还可以给孩子铺垫基本的性知识，为将来对孩子开展性教育奠定基础，可谓一举数得。

面对生命，面对性，父母一定要端正态度，才能给予孩子更好的教育和引导。任何时候，都不要对孩子糊弄了事，与尊重科学相比，编造谎言欺骗孩子、敷衍了事转移孩子的注意力，都是下下策，是应该被摒弃的家庭教育方式。

害怕被妈妈抛弃

很多孩子都会担心自己被抛弃，为此他们感到焦虑不安，生怕自己有朝一日失去爸爸妈妈。尤其是到了3岁前后，孩子的自我意识不断增强，为此他们对于父母也会更加依恋。在这种情况下，父母一定要增强孩子的安全感，当孩子出现分离焦虑的时候，不要轻易地否定孩子的所思所想，而是应该认可和安抚孩子的情绪，更要帮助孩子找到安全感。在爸爸与妈妈之间，孩子显然更加依恋妈妈，这是因为大多数家庭里，一旦有了孩子，妈妈总是承担起抚养孩子的重任，也会更加亲密地与孩子相处。从这个意义上来说，妈妈对于帮助孩子建立安全感有着至关重要的责任和义务。

因为心理的发育，孩子在3岁前后才会达到分离焦虑的巅峰。尤其是3岁的孩子还要走出家门，走入幼儿园，也有很多此前负责全职照顾孩子的妈妈，会在孩子入园之后选择去工作。这样一来，妈妈和孩子相处的时间会大大减少。那么作为妈妈，要努力平衡照顾孩子与认真工作之间的关系。作为爸爸，也要全力以赴支持妈妈的工作，多多陪伴孩子，唯有如此，父母与孩子才能齐心协力渡过分离焦虑的难关，也才能更好地成长。

面对孩子的担忧，父母不要一味地抱怨和指责孩子，更不要嫌弃孩子过于黏着爸爸妈妈，而是要认识到孩子出现这样的情况很正常，毕竟孩子还小，他们从出生就依赖爸爸妈妈的照顾而生存，为此感情上依赖父母完全是正常现象。此外，父母还要想方设法帮助孩子平复情绪，让孩子保持愉悦，如果情绪波动过大则会危害孩子的健康。当然，面对孩子的担忧，让孩子确定爸爸妈妈只是因为工作而暂时离开，很快就会回到他们的身边，是最重要的。因而爸爸妈妈千万不要对孩子玩失踪，更不要苛刻要求孩子必须始终保持好情绪。只有认可孩子的情绪，才能接纳孩子的情绪；只有认可孩子的情绪，父母才能与孩子更好地相处。

非鱼3岁之后，妈妈就把奶奶接到家里，由奶奶负责照看非鱼，妈妈则选择结束全职家庭主妇的生活，重新走入职场开始打拼。在妈妈带养期间，非鱼与妈妈产生了深厚的感情，看到奶奶突然介入自己的生活，非鱼非常抵触和排斥。尤其是妈妈开始上班之后，因为经常需要出差，所以非鱼不得不几天的时间里都和奶奶在一起，而看不到妈妈，再加上爸爸回家也很晚，为此非鱼变得越来越焦虑，常常怀疑爸爸妈妈都不要他了。

有一次，妈妈出差回来之后，和往常一样给非鱼带了很多礼物，但是非鱼却闷闷不乐。虽然妈妈兴致勃勃地把礼物展示给非鱼看，但是非鱼却瓮声瓮气地问妈妈："妈妈，你是不是不要我了？"听到非鱼这么问，妈妈感到很惊讶："非鱼，你为什么会这么说呢？"非鱼说："别的小朋友都有爸爸妈妈陪着，就我没有！"妈妈耐心地解释："非鱼，妈妈要工作，挣钱才能给你买礼物。"非鱼说："我不要礼物，我就要妈妈。"妈妈无奈："非鱼，妈妈现在不是回来了吗？"非鱼还是不依不饶："其他小朋友的妈妈到了天快黑就会回家，你去哪里了？你都不回家睡觉！"妈妈这才恍然大悟："非鱼，妈妈很抱歉。你是想让妈妈天快黑的时候就回家是吗？"非鱼点点头。妈妈思考很久，决定换一份不需要出差的工作，这样就可以每天晚上回家陪伴非鱼。

孩子的心思是很简单的，他们从不能接受与爸爸妈妈分离，到认识到爸爸妈妈必须离开自己去工作已经是前进一大步了。为此，当爸爸妈妈因为出差或忙于工作，而导致回家很晚，或者接连几天不回家的时候，他们就会感到非常焦虑，也会因此而惶惑不安：难道爸爸妈妈不要我了吗？所以在孩子年幼的时候，尤其是主要负责照顾孩子的妈妈，最好不要从事经常需要出差的工作，否则就会加重孩子的分离焦虑。

通常情况下，孩子产生焦虑的原因都很相似，要么父母忙于工作相处时间少，要么孩子在影视剧上看到有父母抛弃孩子。为了帮助缓解孩子的分离焦虑，父母应该及时采取措施帮助孩子获得安全感。例如，工作再忙，也要知道工作是可以弥补的，而孩子成长的过程是不可逆的；再如，如果因为工作需要必须出差，那么千万不要悄悄走开，否则会加重孩子的恐惧，而是要正面和孩子告别，让孩子接受父母要离开一段时间的事实。其实，孩子总要长大，父母也不可能陪伴孩子一辈子，所以为了让孩子适应分离，父母应该在孩子小的时候就有意识地让孩子体验分离。例如，妈妈如果全职在家负责带养孩子，就可以偶尔把孩子放在信任的人家里，自己短暂离开，等到一定时间之后再来接孩子回家。在此过程中，孩子会适应妈妈的短暂离开,未来才能够接受妈妈更长时间的离开。总而言之,孩子的成长从来不是一蹴而就的,他们在成长的过程中总是要面对各种各样新鲜的事物,也总是要接受更多的成长。作为父母,既要照顾孩子的饮食起居,保证孩子健康成长,也要关注孩子的心理,让孩子的内心变得越来越强大,这样孩子才能在父母爱的包容中,逐渐成长起来,最终能够独立面对人生。

这是我的

孩子在4岁前后,会产生强烈的占有欲,因为他们的自我意识越来越强,完全把自己与外部世界区分开来,却还没有建立明确的物权归属概念,为此他们常常出现一种行为——把别人的东西据为己有。当然,这只是父母作为旁观者对孩子行为的总结和概括,孩子自己并不觉得自己是在"强取豪夺"。的确,对于特定的年龄阶段来说,孩子的行为是符合他们心理发展规律的,作为父母当发现孩子很容易占有别人的东西时,不要感到紧张和焦虑,而是要相信孩子并非故意。在这种情况下,父母要帮助孩子区分物权归属,让孩子知道哪些东西是自己的,哪些东西是别人的。这样一来,孩子才不会再占有别人的东西,也会在父母的引导下主动和他人分享自己的东西。

很多父母对于孩子在这个阶段的行为表现,总是误以为与孩子的品质有关系，甚至有的父母还会断言孩子品质恶劣，故意偷窃。不得不说，父母做出这样的论断对孩子来说是很不公平的，归根结底，三四岁的孩子并不会有意识地占有别人的东西，而仅仅是因为他们喜欢某件东西，却又不能明确意识到那件东西并不归他们所有。真正的偷窃行为，发生在孩子6岁之后，因为孩子在6岁以后才能确切知道哪件东西是属于自己的，哪些东西是属于别人的。在三四岁的孩子眼中，他们拿一件东西的理由很简单，那就是喜欢这件东西。

自从上了幼儿园，度过适应期之后，妈妈发现甜甜放学回家之后，经常会从书包里如同变魔术一样拿出很多好玩的东西。这是为什么呢？有的时候，妈妈询问甜甜东西是从哪里来的，甜甜就说是从幼儿园里带回来的。妈妈再问甜甜东西原本是属于谁的，甜甜则一脸无辜地告诉妈妈东西就是从幼儿园里拿的。妈妈只好一而再再而三地告诉甜甜："幼儿园里的很多东西，是属于幼儿园的，不能朝家里拿。"甜甜似懂非懂，依然故我，妈妈只好在次日送甜甜去幼儿园的时候，再把东西带给老师。

有一天，甜甜拿回来一个很新的玩具车。妈妈看到这个车就知道，肯定是小朋友的。为此，妈妈把车子的图片发到家长群里，很快就有家长来认领。妈妈赶紧和家长道歉："不好意思，孩子不懂事，把你家的玩具带回家了！"那个家长告诉甜甜妈妈:"我家孩子也经常会带回一些玩具,没关系,都是小孩子。"甜甜妈妈说:"不知道怎么回事,孩子就爱拿别人的东西。"这时,群里的另外一个家长说:"甜甜妈妈,不是孩子爱拿别人的玩具,是因为孩子还不知道哪些玩具是属于自己的,哪些玩具是别人的!"听到这位家长的话,甜甜妈妈恍然大悟:"原来如此!"

妈妈一直以来都错怪甜甜了,以为是甜甜看到东西好,就把东西据为己有。实际上,三四岁的孩子真的没有无权归属概念,他们决定霸占一件东西的理由就是喜欢。当然,在这个阶段,父母一味地告诉孩子不应该拿别人的东西,或者强制要求孩子马上把东西还给别人,效果往往不太好。对于父母来说,当务之急是赶紧教会孩子区分东西到底属于谁,这样一来,孩子才能建立不能拿别人东西的观念,而且在自己有了好玩的玩具或好吃的东西时,也才会主动与其他小朋友分享。

当然,除了身心发展的特点决定孩子喜欢拿别人的东西之外,很多父母对孩子疏于陪伴,导致孩子在情感需求方面得不到满足,也会促使孩子故意做出一些违规的行为,从而吸引父母的关注。有的孩子还会因为内心不满,故意通过抢夺的方式来发泄负面情绪。所以父母要区分孩子霸占东西的原因,也要综合考虑孩子的身心发展特点,知道孩子是在怎样的情绪背景下做出霸占的行为,才能有的放矢地认识孩子的霸占行为,也才能切实有效地解决问题。

父母一定要记住,在发现孩子有霸占行为之后,不要一味地批评和指责孩子,而是应该保持冷静和理智,这样才能给予孩子正确的引导。如果父母被愤怒冲昏了头脑,还如何理性对待孩子,给予孩子积极的引导呢?

对于孩子,父母一定要有耐心,要反复告诉孩子不应该拿别人的东西,也要在做通孩子的思想工作之后,让孩子主动把别人的东西还回去。为了避免孩子产生逆反心理,导致霸占行为变本加厉,父母一定不要过度严厉地对待孩子,更不要以不恰当的方式伤害孩子的自尊心。父母对孩子,唯有做到循循善诱,才能真正打开孩子的心扉,也才能卓有成效地帮助孩子成长。

当孩子说出"我要""这是我的",父母就要想到孩子的身心发展特点。记住,这样的霸占行为只是因为喜爱,绝不是因为偷窃,所以父母要多多引导孩子,更要有耐心地引导孩子纠正自身的行为,这样才能保证孩子健康快乐地成长!

妈妈,你不要夸别人呀

随着不断成长,孩子的小心思越来越多,曾经以为自己与外部世界浑然一体的他们,不但开始形成自我意识,把自己与外部世界区别开来,还会产生嫉妒等负面情绪。这一则是因为孩子的心思越来越细腻，二则也是因为孩子在成长过程中有更多的需求出现。

嫉妒，从根本上来说，是人的一种本能行为。不仅孩子爱嫉妒，成人依然会有嫉妒的表现。当然，凡事皆有度，过度犹不及。适度的嫉妒可以激励孩子进步，让孩子努力赶超别人，而过度的嫉妒，则会让孩子的内心失去平衡，甚至做出失去理智的事情。当孩子心中充满了嫉妒，他们就会每时每刻关注别人，而忽略了关注自己，从而影响自我发展。尤其是在人群之中，嫉妒的情绪还会破坏孩子的人际关系，导致孩子无法与身边的人和谐相处。从这个意义上来说，嫉妒是一种非常消极负面的情绪，父母要引导孩子消除嫉妒，从而让孩子健康快乐地成长。

爱嫉妒的孩子不但心眼小，而且情绪暴躁。一旦嫉妒陷入疯狂的状态，还会驱使嫉妒者做出疯狂的举动，从而伤害他人。为此，父母要帮助孩子把嫉妒控制在合理范围内。从心理学角度来说，嫉妒是伴随着孩子自我意识的觉醒才渐渐产生的，因而嫉妒是孩子成长的表现之一。父母要引导孩子正确面对嫉妒，也要教会孩子疏导嫉妒的情绪，从而保持心情愉悦。

有一天，家里来了客人。其中，就有甜甜最喜欢的可乐。可乐比甜甜小两个月，是甜甜的好姐妹，从小甜甜就很喜欢和可乐玩。因而一看到可乐，甜甜马上把可乐带到自己的房间，和可乐玩得不亦乐乎，直到吃午饭的时候，她们才手拉手从房间里出来。

可乐的胃口很好，吃了很多饭，也吃了一些菜，但是甜甜显然只顾着和可乐玩，还没有从兴奋的劲头里恢复平静，为此一点儿都没有胃口。妈妈忍不住对甜甜说："甜甜，你要好好吃饭啊，你看看，可乐是妹妹，都吃得那么好，你可是姐姐，要向妹妹学习。"原本很高兴的甜甜，在听到妈妈这句话之后，当即板起面孔，对妈妈说："妈妈，你怎么能这么夸奖可乐呢！你要夸我！"妈妈不以为然："如果你表现好，妈妈就夸你。但是妈妈觉得你现在的表现没有可乐好，所以妈妈要夸可乐！"就这样，在妈妈的夸赞之中，可乐沾沾自喜，甜甜则气得冲妈妈瞪眼。

在这个事例中，甜甜就产生了嫉妒的情绪。实际上，心理学家经过观察发现，1岁大小的婴儿就会出现嫉妒情绪。例如，当妈妈抱起别人家的孩子，婴儿就会步履蹒跚，走到妈妈面前，让妈妈抱他。这正是婴儿嫉妒的表现。可以说嫉妒是人的原始情绪之一，是一种正常的情绪。面对孩子的嫉妒表现，父母无须如临大敌，强迫孩子必须消除嫉妒情绪，而要合理引导孩子，让孩子在嫉妒驱使下做出正面的反应和行为。

每个人都会有嫉妒情绪，孩子也不例外。当看到小朋友有新的礼物，自己却没有的时候，孩子会嫉妒；当看到同桌考试成绩比自己好，孩子会嫉妒；当看到其他孩子都有爸爸妈妈陪伴，而自己的爸爸妈妈却远在外地打工，孩子会嫉妒……孩子不断成长，对于他们而言，诱发嫉妒情绪的事情也越来越多。作为父母，一定要在生活中有意识地充实孩子的精神生活，让孩子心胸开阔，这样孩子才能摆脱嫉妒情绪的困扰，接纳自己和他人。

如果孩子的自卑情绪比较浓郁，他们也会产生嫉妒情绪。正如有心理学家指出的那样，一个人骄傲自满，也许不是因为过度自信，而是因为过度自卑，所以他们才要用自负来掩饰自卑。为此，父母要帮助孩子正确认知自我，也要帮助孩子建立自信心，这样孩子才不会盲目羡慕他人，也才会坦然接纳自己。总而言之，嫉妒情绪是一把双刃剑，对于孩子既有积极的作用，也有消极的作用，相对而言，消极作用还会更加强大。所以父母要有意识地帮助孩子消除嫉妒情绪，让孩子接纳更加积极的竞争，坦然面对自己。

难以出口的拒绝

现实生活中，在成人的世界里，有很多所谓的老好人。"好人"当然是褒义词，如果是"老好人"，则就变成了不折不扣的贬义词。这是因为，老好人有很明显的性格弱点，那就是不懂得拒绝他人，不好意思说"不"。不得不说，在这个竞争激烈的时代，如果一个人不懂得以拒绝维护自己的权益，保护自己的权利，肯定会处处吃哑巴亏，也会导致自己变得非常被动。从心理学的角度来说，老好人都很看重面子，他们也就不好意思伤了别人的面子，更害怕得罪人。为此，他们为了让他人满意，只能让自己非常委屈，也常常因为不好意思而接受了别人的请求，却又因为能力达不到而导致自己无法完成任务，最终还是得罪了人，自己也没有落得好处。这样完败的结局，当然不是好的结局。

不仅成人之中有老好人，很多孩子也不擅长拒绝他人，为此常常让自己变得被动，也是不折不扣的小好人。实际上，对于孩子的成长而言，当个小好人并不好。那么，作为父母，就要有意识地引导孩子学会拒绝，也让孩子可以在必要的时刻勇敢地站出来，维护自己的权利。

在很多家庭中，如果有不止一个孩子，父母都会要求大的孩子必须礼让小的孩子。在社会生活中，如果几个孩子聚集在一起，那么人们也有不成文的规定：大的孩子必须让着小的孩子。不得不说，这样的约定俗成对于年纪大的孩子来说是极其不公平的。如果大的孩子自觉让着小的孩子，那是他愿意。但是如果大的孩子不愿意礼让小的孩子，父母和其他成人也无权要求大的孩子这么做。试问：当有一天孩子长大成人走入社会，与那些比自己年纪大、比自己经验丰富的前辈在同一个平台上大展身手，还会有人让着他们吗？当然不会。所以这样的做法对于小的孩子来说也是极其不利的，很容易让小的孩子成为小霸王，也理所当然地认为所有人都应该让着他。在社会生活中，每个人都是平等的，没有谁必须让着谁。在这个世界上，除了父母会为了孩子无私付出之外，没有任何人应该为孩子无私付出。为此，父母不要过度骄纵和宠溺孩子，既要教会孩子合理保护自己的权益，也要教会孩子努力勇敢地进取和奋斗。

放学回到家里，乐嘉一副闷闷不乐、郁郁寡欢的样子。妈妈赶紧询问乐嘉发生了什么事情，乐嘉哇哇哭起来，说："你肯定会骂我！"妈妈看到乐嘉情绪激动，安抚乐嘉："不会的，你这么委屈，妈妈为何还要骂你呢！"乐嘉这才抽泣着说："今天考试，我本来可以考取好成绩，但是我的同桌非要看我的试卷，不停地骚扰我，我不好意思拒绝，就把试卷给他看了。结果，老师发现我们的作弊行为，不但狠狠批评了我们一通，还把我们俩的试卷都收上去了，导致我没有时间检查。"听了乐嘉的描述，妈妈真的很想劈头盖脸数落乐嘉一通，但是一想到乐嘉已经很难过了，而且此前也没有教过乐嘉要拒绝别人，为此妈妈按捺住火气，心平气和地对乐嘉说："乐嘉，没关系，这是一次教训，教会你要学会拒绝他人不合理的请求。"

乐嘉很困惑，问妈妈："但是，大家不都说要乐于助人吗？我怎么拒绝同桌的请求啊，我们平日里还称兄道弟呢！"妈妈语重心长地对乐嘉说："这件事情对于你们而言都是一种伤害，所以你要学会拒绝，因为如果你不拒绝，不但害了同桌，也害了自己。除了这样互相伤害的事情要拒绝外，对于他人的不情之请，也要拒绝。如果他人提出的请求是你无法做到的，也是对于你的生活、学习没有好处的，你都要拒绝。只有保护好自己，才能帮助别人，对不对？"乐嘉似懂非懂地点点头。妈妈继续对乐嘉说："记住，要求有合理要求和不合理要求之分，而且你也有权利保护自己的合法权益，这是最重要的。不要当老好人，否则就会人善被人欺，马善被人骑，知道吗？"乐嘉当然不能完全理解妈妈的话是什么意思，人生的路还很长，相信他还会有很多的机会领悟这个深刻的道理。

孩子乐于助人当然是好的，但是也不能爱心泛滥、毫无原则成为老好人。很多孩子之所以充当老好人，就是因为不好意思拒绝他人，也害怕自己得不到他人的认可。如果孩子在长大成人之后依然怀有这样的老好人心态，那么他们就会非常被动，导致生活中常常遭遇陷阱。

从深层次的心理进行分析，孩子之所以不敢拒绝他人，也是缺乏自信、过度自卑的表现。因而父母要想帮助孩子改掉不懂拒绝的坏习惯，就要帮助孩子增强自信心，也要给予孩子更大的成长空间。有的时候，父母过于严格地管教孩子，也会导致孩子畏畏缩缩，无法理直气壮地做很多事情。由此可见，孩子在成长过程中的很多表现，都与父母有密切的联系。作为父母，当发现孩子行为异常的时候，不要一味地责怪孩子，而是应该首先反思自身的教育方式和言传身教是否有助于孩子的成长。当然，在日常生活中，父母还要为孩子树立榜样，以自身行动教会孩子要勇敢拒绝他人，帮助孩子从容理智地面对自己和他人。改变，要从自己开始，要从此刻开始，作为父母，你准备好了吗？

孩子的孤独症表现

很多父母都听说过自闭症，却没有听说过孤独症，也有的父母会把孤独症与自闭症混为一谈。实际上，孤独症与自闭症是不同的。孤独症的症状没有自闭症那么严重，因此很容易被父母忽略。在现代社会紧张忙碌的生活中，越来越多的孩子受到孤独症的困扰，这是因为大多数父母都忙于工作，疏于照顾和陪伴孩子，为此孩子在孤独的状态下也会对这个世界失去兴趣。渐渐地，在父母不知不觉之中，孩子就会变得越来越迷惘，也很容易迷失自我。当孩子关闭心扉，沉迷于自己一个人的世界时，他就已经开始被孤独症困扰。

从病理学的角度而言，孤独症属于发育障碍的范畴。患有孤独症的孩子总是非常孤独，他们的动作也是简单、机械的，最明显的特征是不愿意与他人交流，也不愿意对他人做出情感上的反应。如果孩子有孤独症倾向，在3岁之前就会有所表现，所以父母要用心地观察孩子的异常行为，也要给予孩子更多的陪伴和关注。等到进入幼儿园，在群体之中生活时，孩子的孤独症表现会更加明显，这是因为在一群喧闹的孩子之中，孤独的孩子总是显得那么不合群和另类。也有人把幼儿孤独症，称为儿童自闭症，不得不说，不管是孤独症还是自闭症，对于孩子的成长都会有很大的负面影响。作为父母，除了要关心孩子的吃喝拉撒，还要关心孩子的心灵。

具体来说，患有孤独症的孩子有以下表现。

第一，患有孤独症的孩子喜欢独处，这一点与大多数孩子喜欢热闹截然不同。早在婴儿时期，患有孤独症的孩子就不喜欢被包括父母在内的人抱起来，而是喜欢自娱自乐，一个人躺在床上安静地玩耍，对于周围的世界丝毫不关心，也非常漠视。随着不断成长，他们在语言能力方面也出现滞后的状态，不爱说话，或者只喜欢自言自语。

第二，患有孤独症的孩子行为很刻板，不够灵活。他们专注力过度，因而导致对于周围的人和事情都漠不关心，完全沉浸在自己的世界里。对于新鲜的事物，或者是很有趣的环境，他们也不能融入其中。为此，孤独症孩子在行为表现方面总是很僵硬，也喜欢因循守旧，惧怕改变和创新。

第三,患有孤独症的孩子情绪很容易激动,因为他们无法顺畅沟通,所以常常会倾向于用情绪对外界做出激烈反应。为此,孤独症孩子对于外部环境的感知是有限的,也无法随机应变处理突发情况。

第四,患有孤独症的孩子智力发育会相对迟缓,又因为他们非常专注,所以他们很有可能在某个特殊的方面出类拔萃。

总而言之,患有孤独症的孩子在各个方面都会有异常,父母一定要更加关注和帮助孩子,才能及时发现孩子的异常,以便孩子开展积极的指引和帮助。具体可以从以下几方面做起。

首先,父母要为孩子营造良好的交往氛围。很多孩子之所以有孤独症的行为表现,就是因为他们对于孩子管教得太严格,把孩子局限在一个封闭的空间里,或者因为忙于工作而对孩子过度忽视,导致孩子在成长过程中无法得到情感需求的满足,与身边人的交往也会陷入困境。其次,父母要经常与孩子交流。众所周知,人际交往建立在沟通基础上。通过沟通,孩子不但可以表达自己的想法,也可以了解他人的想法,在此过程中,孩子的理解能力、表达能力、人际相处能力都得以发展,这对于孩子的成长是非常有帮助的。在和孩子沟通的时候,父母还要多多鼓励孩子,而不要总是否定和批评孩子,否则就会让孩子感到非常懊丧,也会使孩子对于沟通感到畏惧。对于父母而言,给孩子留下良好的沟通体验,激发孩子的谈兴,是很重要的。最后,父母一定要帮助孩子建立自信心。很多孩子之所以变得孤独，就是因为他们非常自卑，对于自己缺乏信心，因而选择关闭心扉，不愿意与外部世界交流。父母唯有给予孩子更大的自由空间，让孩子展翅翱翔，也让孩子拥有自信，孩子才能积极乐观，也拥有更加强大的内心。

我到底应该怎么做

孩子在成长的过程中常常感到困惑，这是因为他们的自我意识还处于较低的水平，不能给予自己客观中肯的评价。在这种情况下，如果再听到来自外界的不同声音，他们就会感到非常迷惘，不知道自己到底应该怎么做，才能得到最好的结果，才是正确的选择。很多父母都望子成龙、望女成凤，为此在陪伴孩子成长的过程中，往往对于孩子进行过多的干涉，导致孩子面对成长不知所措。实际上，父母应该知道，古往今来，那些有所成就的伟大人物，无一不是非常坚定勇敢，能够独立果断做出决定的人。他们从不犹豫不决，在有机会的时候就果断抓住，在有想法的时候就努力去做，这样一来，他们才能够破釜沉舟，背水一战。因而父母要想帮助孩子养成坚决果断的性格，就不要过多干涉孩子。因为自身能力的局限，孩子在最初做出决定的时候的确无法保证决策一定正确，只要不会导致严重的后果，父母不妨旁观，任由孩子为自己的决定负责。一则可以锻炼孩子果断的决策能力，二则可以培养孩子的责任心，这两个方面对于孩子的成长都很重要。

作为父母，除了要给孩子自主选择的权利之外，还要多多支持孩子。有些父母最擅长的事情就是给孩子泼冷水，导致孩子哪怕有了选择和决定，也总是迟疑不定，犹豫不决，长此以往，孩子的性格发展必然受到影响。在这个世界，没有人能保证自己的每一个决策都是正确的，没有人是人生永远的赢家。对于孩子来说，更是如此，因为孩子本身就心智发育不成熟，也缺乏人生经验，所以孩子在成长的过程中常常被人泼冷水，只有学会坦然地面对失败，总结经验，才能踩着失败的阶梯不断前进。遗憾的是，现实生活中，太多的父母自以为是，他们打着爱孩子的旗号，恨不得每件事情都为孩子代劳，也总是把自己的人生经验强行塞给孩子。的确，父母帮助孩子少走弯路是没错的，但是对于成长而言，有些弯路是孩子必须走的，没有人能够替代孩子去努力和成长，即使父母也不能。所以明智的父母知道要对孩子放手，当孩子不撞南墙不回头的时候，他们就让孩子自己去体验失败的滋味，亲自去总结成功的经验，这可比密不透风地保护孩子更好。

开学没多久，学校开始统计兴趣班的报名情况，乐嘉既想学习武术，又想学习打水鼓，而这两个兴趣班的学习恰巧在同一个时间段，为此乐嘉陷入了纠结之中。回到家里，乐嘉询问妈妈的意见,妈妈说:"兴趣班,兴趣班,当然是你自己最清楚自己对什么感兴趣啦!"听到妈妈的回答,乐嘉显然很不满意,又问:"那么,你想让我学习什么呢?"妈妈说:"我没有想法,你的兴趣就是我的想法。"乐嘉无奈地说:"你这样的妈妈真是少见,我们班级里的同学都在抱怨父母不让他们自由选择兴趣班,你却给我太大的自由。"妈妈笑起来说:"乐嘉,妈妈和爸爸的最大心愿就是你身心健康,独立自强。如果连报兴趣班这种本该由你自己决定、你也有能力决定的事情,我们都指手画脚,那么你将来怎么独立呢?其实,这是爸爸妈妈信任你可以做出选择,也很愿意把更多选择的机会留给你。只有不断地锻炼,你的决断能力才会更强,未来在独立面对人生的时候才能更加自主、果断。你可是个男子汉啊,说不定将来爸爸妈妈老了,关于爸爸妈妈的很多决定都是要由你去做呢,所以你就放开手脚去做决定,即使这次失策也没有关系,不是每个学期都有兴趣班吗?"

说完这番话,妈妈满怀期待地看着乐嘉。乐嘉感受到妈妈的信任,为此也当即表态:"放心吧妈妈,我会尽快做出决定的,我一定会成为顶天立地的男子汉。"

孩子有的时候是畏惧做决定的,尤其是在他们没有明确的喜好和偏向的情况下,他们更容易感到进退两难。越是这种情况,作为父母越要鼓励孩子独立做决定,而不要代替孩子去决定,因为父母不可能代替孩子一辈子,更不可能包办孩子一辈子。正如事例中乐嘉妈妈所说的,孩子必然要长大,未来不但需要面对自己的人生,还有可能需要帮助爸爸妈妈做出重大的决定。那么,如果不给孩子锻炼的机会,也不给孩子选择的自由,孩子如何才能拥有坚定、勇敢、果决的能力呢?

培养孩子的决断力,父母除了要给孩子选择的机会和自由以外,也可以对孩子进行适当的引导,从而帮助孩子深入分析可能面对的结果和出现的情况,也帮助孩子衡量自己可以承受怎样的结果,从而对于结果有合理的预期。这样一来,孩子才能更加理性,也才能更加自信。尤其需要注意的是,不管孩子是在父母的指引下做出决定,还是根据自己的判断做出决定,只要这个决定不会导致严重的、无法挽回的后果,父母就要尊重孩子的选择,也给予孩子最大的支持,这样孩子才会更加自信,也才会在未来要做决定的时候更加坚定、勇敢。

父母要记住,你想让孩子成为什么样的人,就要把孩子当成那样的人去对待,这样孩子才会朝着父母所期望的样子成长,也才有助于孩子未来走向成功,收获充实精彩的人生。

我要和爸爸结婚

随着不断成长,孩子几乎每天都在给爸爸妈妈惊喜,尤其是在低年龄阶段，孩子更是每时每刻都在给父母惊喜。当然，如果父母不了解孩子的身心发展规律，说不定还会受到孩子的惊吓呢！例如，当孩子说出要和爸爸或妈妈结婚的话时，有些父母难免会想到孩子是出现了恋父情节或恋母情结，不得不说，这可是对孩子的严重误解。

在5岁前后，孩子进入婚姻敏感期。从本质上来说，其实是因为孩子对于人际关系展开探索，又因为父母是他们接触最密切的人，婚姻构建了他们生存和成长的环境，所以大多数孩子对于婚姻关系都非常敏感。进入婚姻敏感期之后，孩子会对异性的父母产生浓厚的兴趣，也因为初步了解了婚姻需要男人和女人结合，为此他们就会选择和异性的父母结婚。例如，男孩会说自己要和妈妈结婚，有些女孩会说自己要和爸爸结婚。听到这些话，千万不要觉得孩子早熟，更不要口无遮拦地打击孩子，而是要为孩子感到高兴，因为孩子在进入婚姻敏感期后会对婚姻展开探索。如果父母能够引导孩子顺利度过婚姻敏感期，也引导孩子期待美满的婚姻，对于孩子的身心发展，甚至对于孩子长大之后婚姻幸福感都会产生很大的影响。

有些父母会对孩子这样发昏的话觉得无所谓，认为孩子就是童言无忌，才会不顾人伦要和爸爸或妈妈结婚。有这种态度的父母，当然不知道婚姻敏感期是什么，也无法对孩子展开积极的引导。心理学家经过研究证实，孩子从4岁前后进入婚姻敏感期，到7岁前后，都会有婚姻敏感期的表现。对于孩子的认知发展而言，婚姻敏感期是他们探索人际关系、探索婚姻的初步行为和举措。众所周知，家庭环境在孩子的成长过程中起到至关重要的作用，所以对于孩子而言，拥有美好的家庭是最大的幸运。曾有一位名人说过，对于父亲而言，对孩子最好的爱就是爱孩子的妈妈。其实，这也是在告诉我们父母相亲相爱对于孩子而言有多么重要。

现代社会生活节奏越来越快，工作压力越来越大，很多父母在结婚有了孩子之后，会突然发现对方并不适合自己，甚至觉得自己无论怎么凑合都无法与对方生活下去。这样一来，他们就会选择离婚。婚姻学家指出，在婚姻关系破裂的家庭里，如果有孩子，受到最大伤害的就是孩子。甚至有很多孩子因为童年时期遭遇父母婚姻破裂的阴影，长大之后对于恋爱结婚根本提不起兴趣。从这个角度来说，作为父母，一定要更加慎重地对待婚姻，也要本着对孩子负责的态度避免随随便便接受婚姻。

孩子在进入婚姻敏感期之后，一开始会提出要和关系最亲近的异性父母结婚，随着不断地成长，他们会结识更多的人，结婚的对象也会发生改变。有的孩子想与老师结婚，有的孩子想和同学结婚，有的孩子还想和自己崇拜的某个人结婚。对于孩子的"奇谈妙论"，父母要坦然接受，千万不要大惊小怪地吓到孩子。

当意识到婚姻敏感期是孩子成长过程中的必经阶段之后，接下来，父母就要正确回答孩子关于婚姻的疑问和困惑，唯有如此,才能引导孩子建立正确的婚姻观念,对于孩子未来的恋爱、婚姻都有很大的好处。记住,孩子是因为信任父母,才会对父母坦诚相见,作为父母一定不要嘲笑和讽刺孩子。在引导孩子针对婚姻展开讨论的时候,父母还要询问孩子喜欢谁,为何喜欢,这样一来可以帮助孩子加深对于婚姻的思考,也会让孩子感到轻松愉悦。当然,虽然孩子还小,但是面对这样不可失去的机会,父母也可以对孩子普及婚姻知识,告诉孩子近亲不能结婚的道理,也要让孩子明白只有相爱的异性才能走入婚姻的殿堂。相信随着年纪不断增长,孩子一定会越来越明白婚姻的真谛,也会在父母相爱的家庭环境里得到爱的熏陶,更加憧憬和渴望爱情与婚姻。

第5章 孩子不经意的小动作，体现一系列"大心事"

在人与人的交流过程中，语言起到传递信息的重要作用，帮助人们表达自己，了解他人。然而，有的时候语言并不能起到很好的表达效果，或者表达的人因为语言能力的限制，无法运用语言准确地阐述自己的内心，在这种情况下，就需要倾听的人在倾听的同时，了解表达者那些不经意的小动作，从而通过观察表达者的肢体动作，来洞察表达者的内心。在亲子沟通中，孩子因为语言能力、感知能力有限，常常会在表达时受困于语言，在这种情况下，父母就要通过观察孩子的肢体语言洞察孩子的内心，也在沟通过程中给予孩子更多的引导和帮助。

每个孩子都活泼好动

活泼好动是孩子的天性，尤其是在学会走路以后，他们活动的范围变得更大，为此他们探索世界的脚步也会变得更大。面对这样一个可以自由行动却又不知道危险为何物的孩子，父母简直伤透脑筋，因为稍不留神，孩子就会发生状况，或者伤到自己，或者伤到他人。所以大多数父母都有这样的感慨：孩子长大了，会走路了，还不如小时候抱在怀里省心呢，他们总是不停地走来走去，根本没有办法控制。强制他们，不允许他们走路，他们会生气，也会愤怒，还会苦恼；给他们自由，让他们随意地走来走去，他们没有危险意识，常常面临不可知的危险。这样的情况下，负责带孩子的爸爸妈妈或其他长辈，就必须寸步不离地看着孩子，即便这样，孩子也难免会因为调皮而摔倒、磕碰到，这都是孩子在成长过程中必然要吃的苦头。

有医学家指出，剖腹产的孩子因为出生的时候没有经过产道挤压，所以会有感统失调的情况发生。为此，有些父母一旦看到孩子活泼好动，就会怀疑孩子是否患有多动症。实际上，好动是孩子的天性，又因为精力比较旺盛，几乎每个孩子都会动来动去，因而父母不要轻易就给孩子扣上多动症的大帽子。即使真的怀疑孩子患有多动症，也要带孩子去医院接受医生的全面检查，确诊之后再进行系统治疗。

甜甜特别调皮。最近，甜甜爱上了妈妈新买的真皮沙发。沙发的海绵弹力很强，为此，甜甜彻底把沙发当成了跳跳床，每天都在沙发上跳来跳去。在沙发座位上跳动，她还觉得不过瘾，居然爬上沙发靠背的平面上往下跳。

有一天，才吃完晚饭，奶奶在厨房刷碗，妈妈去卫生间，还没走到呢，就听到在客厅里玩耍的甜甜发出撕心裂肺的哭声。妈妈赶紧往回跑，这才看到甜甜侧躺在地上，表情痛苦。妈妈赶紧把甜甜抱起来，甜甜说胳膊疼，妈妈以为甜甜的胳膊脱臼了，让甜甜尝试着把胳膊举起来。结果发现甜甜的小胳膊可以动，大胳膊不能动。妈妈赶紧询问甜甜是怎么摔下来的，这才知道甜甜从沙发靠背上往下跳，先是掉到沙发座位上，弹了一下又掉到地上，肩膀着地。妈妈赶紧打车带着甜甜去医院，结果情况比妈妈想的更严重：甜甜不是胳膊脱臼，而是锁骨骨折。妈妈懊恼不已，奶奶也心疼得直跺脚。

医生为甜甜戴上矫正器，整整两个月后，才取掉矫正器。其实，摔伤没过几天，甜甜的锁骨就不疼了，她又开始蹦蹦跳跳。发愁的妈妈看着不知道安静的甜甜，几次三番对奶奶说："妈，你说甜甜是不是有多动症啊，怎么比男孩还调皮呢！"奶奶嗔怪妈妈："可不要胡说八道，要是多动症可麻烦了！她就是精力旺盛，爱玩！"后来，妈妈还咨询了专业的医生，医生也说甜甜的表现只是爱玩,与多动症是完全不同的。

很多父母都无法区分多动症和好动,因而看到孩子很顽皮的时候,他们就会不由分说给孩子扣上多动症的帽子,其实这对于孩子来说是不负责任的。多动症和活泼好动有以下几点不同。

首先,好动主要表现在幼儿阶段,随着成长,孩子的好动表现会有所改善,表现出沉稳安静的一面。而患有多动症的孩子不管在哪个年龄阶段都很好动,随着年龄的增长,他们的行为表现并没有明显改善。

其次,患有多动症的孩子注意力分散,很难保持专注,他们在学习方面是有障碍的,就是在感兴趣的时候,他们也无法做到全神贯注。外界有任何风吹草动,他们都会受到影响,即使在外部没有干扰因素的情况下,他们也会因为三心二意而导致事情进展缓慢。和患有多动症的孩子不同,生性好动的孩子能够集中注意力,尤其是对于自己喜欢做的事情,他们可以全神贯注去做。

最后,在自控能力方面,患有多动症的孩子自控力很差,往往无法控制自己的言行举止。相比之下,好动的孩子尽管喜欢运动,但是却可以控制好自己,并且在需要安静的场合里尽量安静。所以当多动症的孩子表现出暴躁好动,父母不要过多责备孩子,这并不是孩子故意为之,而是他们无法很好地控制自己。如果孩子多动症情况比较严重,父母还可以考虑带孩子进行治疗，借助于药物的作用帮助孩子控制自己。但是对于多动的孩子，父母则没有必要过于焦虑，因为当孩子不断长大，随着自控力的增强，他们就会控制好自己。此外，还有的孩子为了赢得父母的关注，故意表现出顽皮捣蛋的样子，那么只要父母多多关注他们，他们的好动行为就会有效改善。

父母一定要记住，活泼好动是孩子的天性，父母要尊重孩子的天性、接纳孩子的天性，不要因为孩子好动，就故意训斥孩子，或者严厉禁止孩子运动。通常情况下，好动的孩子都精力充沛，而且身体素质非常好，正因为精力过剩，他们才会一刻也不停地动来动去。在这种情况下，父母要带着孩子一起玩耍，帮助孩子发泄多余的精力，从而让孩子在应该睡觉的时候有好的睡眠。现代社会，很多父母忙于工作，每天过着早九晚五的生活，还要应付没完没了的加班，根本没有办法抽出更多的时间来陪伴孩子，所以孩子在看到父母之后难免会撒娇，故意表现顽皮以吸引父母的关注，父母要注意满足孩子的情感需求，给予孩子更多的关注。唯有如此，孩子多动的行为倾向才会有所好转。

常言道，国有国法，家有家规，对于每个孩子来说，也是没有规矩不成方圆。不管父母多么疼爱孩子，都要在家庭生活中给孩子制订规则，也要以身示范引导孩子遵守规则。这样才能在管教孩子的过程中张弛有度，也才能给孩子最佳的引导和管教。

手部细小动作暴露孩子内心

爸爸妈妈都很熟悉孩子的手,因为孩子的手白白嫩嫩、肉乎乎的,让父母忍不住想要把它攥在手掌心里,用心地呵护。然而,很多父母都不知道,孩子的小手是会说话的。看到这里,一定有人惊叹:怎么可能,手怎么会说话?当你用心观察,就会发现孩子的手的确会说话,而且说出来的还是他们心灵深处、未曾以语言向父母表达的真实感受和细腻情感。

新生儿刚刚出生的时候,从妈妈温暖黑暗的子宫一下子进入光明冰冷的世界,猛然受到外部的刺激,让他们感到非常紧张,也很恐惧。此外,新生儿的神经系统发育不够完善,会有屈肌紧张的情况发生,所以他们会情不自禁握紧拳头、弯曲腿部,把细嫩的小腿蜷缩在腹部两侧。很多父母看到新生儿这样的行为表现都感到很有趣,觉得新生儿就像一只仰面躺着的青蛙,又像一个正在投降的小滑头。随着不断成长,如果婴儿还是习惯于握紧拳头,爸爸妈妈就要有意识地引导婴儿打开手掌。手掌心是婴儿身上非常敏感的地方,手部动作的发育,也与婴儿的智力发育密切相关。婴儿只有打开手掌,才能做出手部精细动作,发展手部力量,也才能够以手去探索未知的外部世界,从事更多复杂的活动。当然,父母不要强迫孩子打开手掌,而是要柔声引导孩子打开手掌。例如,妈妈在哺乳新生儿的时候,可以一边怀抱着婴儿,一边用另一只手去打开婴儿的手掌，抚摸婴儿的手掌心，给予婴儿适度的刺激。这样一来，婴儿就会感受到妈妈手部的温度，也会把妈妈的爱抚记在心里。循序渐进地打开孩子的手掌，孩子才能把握整个世界。

随着不断成长，孩子的手部动作越来越精细，也带有明确的意味。几个月之后，那个小小的新生儿就长大了，看到爸爸妈妈出现在面前，他们会欢呼雀跃地张开双臂。这是在确凿无疑地告诉爸爸妈妈："求抱抱！"看到孩子做出这样的动作，相信父母心中都会马上柔情似水，也会当即放下手里的事情把孩子抱在怀里，与孩子亲密相处，喃喃低语。由此可见，孩子的手部动作发育不但能够促进智力发育，而且有助于孩子表情达意。

果果3个月了，爸爸妈妈带她去妇幼保健院进行常规体检。

进入检查室，医生看到果果的手上戴着婴儿手套，赶紧把手套取下来检查手部发育情况。让医生惊讶的是，果果的手紧紧握着，不愿意打开掌心。看到果果的手心纹路里有很多的毛绒，医生问妈妈："孩子一直都戴着手套吗？"妈妈点点头说："她就喜欢抓挠自己的脸，剪指甲也没有用，我们给她戴上手套才不抓挠。"医生指着果果的手，对妈妈说："你自己观察一下，孩子的手和其他孩子有什么区别吗？"正巧旁边有个孩子也在检查，妈妈看了看说："我家孩子喜欢握拳头。"医生生气地抱怨妈妈："不是你家孩子喜欢握拳头，是你们一直给她戴着手套，所以她的手部发育很不好。"听到医生的话，妈妈才意识到问题的严重性。在医生的叮嘱下，妈妈回到家里之后每天都坚持触摸果果的手掌心，再也没有给果果戴手套。直到又过去3个月，果果才愿意摊开手掌心。

如今，很多年轻的父母喜欢给婴儿戴上小手套，这样做虽然可以防止孩子把自己的脸抓伤，但是他们也不会抓住任何东西。如果说眼睛帮助人看到这个世界，嘴巴帮助人品尝这个世界，那么手则能够帮助人触摸和主宰这个世界。从认知的角度来说，手部能够敏锐感觉到通过眼睛无法感觉的东西，也可以搬动、抓握各种各样的东西。所以在孩子成长的过程中，手具有重要的作用，也与孩子的智力发育密切相关。当父母限制孩子的手部活动，也就意味着禁止孩子用手去了解和触摸这个世界。

细心的父母会发现，孩子到了10个月前后，很喜欢把东西扔掉，当别人把东西捡起来还给他们的时候，他们又会乐此不疲地扔掉。看到这样的情形，你知道孩子是在通过手部扔东西的动作来建立空间感吗？在此过程中，孩子还可以听到不同的东西掉在地上的声音，也会对于这些东西有所区分。

在西方国家，婴儿往往有一个专用餐桌，父母把食物摆放在餐桌上，任由孩子自主用餐，哪怕孩子用手抓饭吃，父母也不进行干涉。在此过程中，孩子通过手部动作了解各种事物，也更加深入地认知世界。等到独立行走之后，很多孩子都爱干的一件事情是，拿着一个东西去敲击不同的物体，一则得到触觉上的收获，二则得到听觉上的收获，这对于孩子的成长是至关重要的。

作为父母，在陪伴孩子的时候一定要更加用心，也要全力以赴。如今很多父母都是假装陪伴孩子，实际上不是低头看手机，就是神游物外。父母也许认为孩子对此毫不知情，实际上孩子的感觉是非常敏锐的。尤其是当孩子做出手部的动作，父母却无动于衷，没有及时对孩子做出回应的时候，孩子往往会非常失落。即使是很小的婴儿，也会敏锐地感觉到父母对他们的关注度和回应，也会渴望得到父母更多的爱与温暖。父母一定要读懂孩子的手部语言，因为手部语言虽然微妙，却能够更加细腻地表达孩子内心真实的情感状态。

眼睛是心灵的窗口

常言道，眼睛是心灵的窗口。人与人在沟通的过程中，眼睛起到重要的作用，有的时候语言无法表达的微妙含义，用眼睛却能传神地表达出来。所以父母在陪伴孩子成长的过程中，一定要更加关注孩子的眼神，也要洞察孩子清澈眼神背后隐藏的生理情感需求。在西方国家，一位大名鼎鼎的心理学家说过，要想了解孩子，一定要观察孩子的眼睛，读懂孩子的眼神。的确，孩子的内心纯洁无瑕，他们总是不加掩饰地把所有的心事都写在脸上,也因为很容易受到情绪的影响,所以孩子的心情总是波澜起伏,时而沮丧,时而欢呼雀跃,时而郁郁寡欢。

细心的父母会发现,小小的婴儿就会对着自己从未见过的东西目不转睛,这说明他们的内心充满好奇。作为父母,要了解婴儿的心理状态,在孩子全神贯注看着某个东西的时候,给予孩子引导,告诉孩子他们所看的是什么东西,这样一来,孩子才会更加满足。有些父母对于孩子的眼神丝毫不了解,而是当机立断就把孩子抱走,结果孩子只能以哭闹来表达自己的不满情绪。在陪伴孩子成长的过程中,父母一定要有足够的耐心,也要透过心灵的窗口——眼睛,来观察孩子的情绪状态和心理需求,从而满足孩子,也恰到好处地引导和帮助孩子。

有一天,妈妈带着瑶瑶去动物园玩耍,在游玩过程中,瑶瑶看到一个新鲜的玩具,马上就目不转睛、寸步难行。妈妈喊瑶瑶离开,瑶瑶一言不发,就那么眼巴巴地看着玩具。妈妈假装不懂瑶瑶的意思,想要拽着瑶瑶离开。瑶瑶忍不住请求妈妈:"妈妈,我可以买一个这样的玩具吗?"妈妈当即拒绝:"不行,我们今天是来看小动物的,又不是来买玩具的。"瑶瑶看到妈妈态度坚决,说:"那我再看一会儿吧!"妈妈也不同意,她这次真的没有读懂瑶瑶的眼神,其实瑶瑶只是想和玩具告别而已。

才过去几秒，妈妈就等得着急起来，强行拉着瑶瑶离开。瑶瑶再也忍不住委屈，伤心地哭起来。

对于父母而言，当然不可能看到孩子喜欢什么玩具就马上给孩子买，但是如果孩子很想继续看一看玩具，在有时间的情况下，父母还是应该满足孩子的心愿。其实，只要妈妈多给瑶瑶一些时间，在与玩具告别的过程中，瑶瑶就会平复自己的心情，也会告诉自己："我不能买这个玩具，我已经有很多玩具了。"这样一来，瑶瑶就不会哭泣，也不会感到难过和委屈。

实际上，孩子也有很多话无法说出口的时候。在上面的例子中，瑶瑶妈妈不应该一味地强迫瑶瑶离开，而是要给予瑶瑶时间进行心理上的适应，也要帮助她更好地接受不能买玩具的事实。很多父母都会情不自禁地把成人的节奏套用到孩子身上，殊不知，孩子有自己的节奏。通常情况下，孩子的节奏比成人慢，所以父母要尊重孩子内心的节奏，也要在与孩子相处的过程中，洞察孩子的内心，了解孩子真实的心理需求和情感需求。尽管父母要为孩子立规矩，但也要意识到不能忽视孩子的需求，就算拒绝孩子，也要讲究方式方法，这样才能保护孩子的自尊心，处理好亲子关系，加深亲子感情。

需要注意的是，留意到孩子的需求，并不意味着就必须满足孩子的需求。父母对于孩子的管教一定要合理适度，而不要骄纵宠溺。只有坚持原则，立好规矩，才能教养出优秀的孩子。

一个健康的孩子，眼睛总是非常明亮有神采，而且也会特别灵动。作为父母，如果发现孩子突然眼神暗淡，而且根本没有神采，那么就要意识到孩子是否生病了，从而及时观察孩子的身体健康情况，也给予孩子最佳的治疗。很多父母都会发现孩子爱眨巴眼睛，孩子眨巴眼睛的原因有很多，诸如结膜炎、眼睑结石，或者眼睛里进入了异物，都会导致孩子频繁眨眼。还需要注意的是，如果孩子出水痘，觉得眼睛里不舒服，或者近视眼、散光，也会因为视物模糊而频繁眨眼。眼睛是非常娇嫩的，父母一定要注意保护好孩子的眼睛，让孩子心灵的窗口始终明亮。

在读懂孩子的各种需求之后，父母要学会与孩子进行眼神的交流，这样一则可以对孩子传递微妙的感情，二则可以引导孩子用眼神表情达意。梅兰芳年轻的时候拜师学艺，想要学习京剧表演，就因为眼神呆滞无光而被老师评价为不适合从事京剧表演工作。后来，梅兰芳勤学苦练，放鸽子锻炼眼神，也常常凝视远处，最终让眼神更加灵动，终成为一代京剧大师。作为父母，一定要细致观察孩子的眼神，真正读懂孩子的眼神，从而才能与孩子进行更加深入的交流，产生心与心的碰撞和交融。

用微笑掩饰内心

在这个世界上,最纯洁干净的是什么?有人说是青海湖的水,也有人说是大理的蓝天,实际上,再美妙的风景都比不上孩子的笑容澄澈干净。孩子的笑容就像是一泓清泉,能够映衬出整个世界的真善美;孩子的笑容就像是最温暖的风,瞬间让人觉得内心煦暖。作为父母,在看到孩子天真无邪的笑容时,一定会觉得自己的心被融化,也会觉得自己的人生拥有了最璀璨的意义。尤其是作为新手父母,在孩子出生的时候看到孩子,更是笑得合不拢嘴。随着不断地成长,新生儿也从无意识地微笑,变成有意识地微笑。8个月前后,孩子认识了父母,也记住了父母的模样,每当看到父母,他们都会情不自禁绽放出微笑。这个时候,父母即使在外面打拼一天非常辛苦和疲惫,也会觉得精神抖擞,浑身充满了力量。

微笑,是人类共同的语言,具有表达愉悦情绪的作用。作为父母,一定要与孩子进行笑容的交流,也要透过笑容,了解孩子的身心状态。通常情况下,很小的婴儿在吃饱喝足之后,就会露出满足的笑容。随着成长,他们微笑的次数越来越多,微笑的含义也更加丰富。

在孩子没有真正学会运用语言表达自己的内心之前,哭泣和微笑,都是孩子经常用的表达方式。所以哪怕孩子不能叙述自己的内心,看到孩子的微笑,父母也会了解孩子感到满足。

此外，笑对于身心健康也是很有好处的，可以丰富孩子的面部表情、增强孩子的肺活量，也可以让孩子的各个身体器官得到锻炼。所以人们常说，笑一笑十年少，其实是有道理的。此外在笑的过程中，孩子的心情也会变得愉悦。一直以来，人们都说心情影响行为，实际上，根据心理学家的最新发现，行为也会影响心情。

若孩子从小就很爱笑，他们就会身心健康，积极乐观。而且，笑容能够消除人与人之间的隔阂，也能拉近人与人之间的关系。通常情况下，神情严肃的孩子大多数都心情紧张、郁郁寡欢，而爱笑的孩子则明媚阳光、春风化雨。所以当孩子以笑容示人，他们就能融化他人心中的冰雪，也能够与他人友好和谐地相处。

作为父母，在感受到孩子的笑容时，一定要积极地回应孩子。从成长的角度来说，孩子在出生之后的1个多月里，常常展示出无意识的微笑，所以人们常说新生儿的微笑是天使的微笑。尤其是在睡着的时候，孩子也会情不自禁地笑起来。在出生之后的第二个月里，孩子会对身边的人微笑。这个时候，孩子还没有很好的区分能力，他的微笑是无选择做出的。只要有人逗弄孩子，出现在孩子身边，发出声音，或者抱起孩子，孩子都会微笑。

3个月前后，孩子有了初步的区分能力，对于身边的陌生人，他们会排斥和抗拒，也会以哭声来表达自己的心情。有的时候，父母带着孩子去到陌生的环境，也会导致孩子勃然大怒，哭闹不停。与此相反，当孩子看到熟悉的人来到身边，如父母，或者是一直负责照顾他们的家人，他们就会绽放笑容。细心的父母会发现，孩子们在熟悉的环境里会非常快乐，表现出愉悦的情绪。

八九个月的时候，孩子的识别能力更强，对于身边的人和事情也特别熟悉。这个阶段，孩子很少因为出现在他身边的人和事情而微笑，他们对于情感的需求得到提升，很希望与身边的人互动和交流，也喜欢得到爸爸妈妈的爱抚。在这个阶段，父母一定要积极地回应孩子的微笑，也可以与孩子进行牙牙学语般的交流，这对于督促孩子进步、帮助孩子保持心情愉悦有很大的好处。

到了1周岁，孩子会把笑容运用得更加熟练，他们开始有意识地运用笑容，也希望以笑容来与他人沟通。实际上，笑容对于年幼的孩子有着特别的意义，孩子不但根据情绪来灵活决定自己是笑还是哭，而且笑容也能反映出孩子的身体状况。如果孩子平日里特别爱笑，突然有一天愁眉苦脸、哭哭啼啼，那么他们一定是感到身体不舒服。这种情况下，父母要密切关注孩子的状况，从而及时帮助孩子维持身体健康。再如，假如孩子正和父母说笑，突然间表情严肃，甚至还哭起来，也许是因为父母的话语不当，或者孩子因为各种原因而感到伤心。

总而言之，对于孩子而言，微笑不但是他们表达生理需求得到满足的方式，也是他们传递情绪、反映身体状况的重要方式。合格的父母会看懂孩子的一颦一笑，也会对于孩子的笑容非常关注和深入了解。父母唯有洞察孩子的内心，才能陪伴孩子健康快乐地成长，也才能为孩子的成长保驾护航。

口腔敏感期的孩子爱吃手

4个月大小的婴儿特别爱吃手，有的时候，他们还会非常努力地把小手紧紧地攥成拳头，然后塞入自己的嘴巴里。这是为什么呢？难道孩子的手指上有蜂蜜吗？常常有父母把小手从孩子的嘴巴里拿出来，但是孩子马上非常愤怒地哭泣，以此来宣泄自己的不满。父母很紧张焦虑，因为他们觉得吃手不是个好习惯，不利于孩子的干净卫生，甚至还会危害孩子的身体健康。当父母频繁地制止孩子吃手，孩子也就会频繁地以哭泣来表达自己的反抗，这对于孩子的成长才是真正有害处的。

如果父母了解孩子为何爱吃手，就会知道孩子吃手不是坏习惯，而是因为他们进入口腔敏感期。在口腔敏感期，孩子最喜欢吃手指，啃吧自己的小拳头，大点的孩子还会把自己的指甲啃得参差不齐。有的时候看着孩子吃手吃得津津有味，父母甚至怀疑孩子还没有吃饱肚子。孩子当然吃饱了，也不特别嘴馋什么东西，他们只是想利用嘴巴探索小手。有些口腔敏感期比较长的孩子，在进入幼儿园之后还会喜欢吮吸手指，也会把某个东西放在嘴巴里啃。看到孩子已经那么大了还吃手，父母感到更加焦虑。从心理学的角度来说，这与孩子在口腔敏感期内没有如愿以偿地满足自己的心理需求有关系。

也有人说孩子如果长期吃手，很有可能导致口腔变形，牙齿长得歪歪扭扭，其实这样的担心纯属多余。新生儿从降临人世，就开始了口腔敏感期，在这个阶段，孩子很渴望用嘴巴去感知更多的东西，也希望自己口腔的欲望能被满足，所以他们才会本能地吃手。通过吃手，孩子会获得极大的满足感，也会因此而感到心情愉悦。

为了满足孩子在口腔敏感期的口腔欲望，父母要做到以下几点。

第一点，妈妈要坚持母乳喂养。如今，很多妈妈因为担心哺乳会影响自己的身材，所以不愿意亲自喂养孩子，而是选择给孩子吃奶粉。其实，母乳喂养不但能为孩子提供营养，更是母子之间亲密的好时候。只要坚持正确的喂养方式，母乳喂养非但不会导致新手妈妈长胖，还有助于新手妈妈消耗在孕产期积蓄的大量能量和脂肪呢！最重要的是，孩子吮吸母乳可以得到更多的吮吸快乐。当然，母乳喂养的孩子都面临一个问题，那就是断奶。在给孩子断奶的时候，妈妈一定要坚持正确的方法，不要突然从孩子面前消失，否则对于孩子来说就意味着不但失去了赖以生存的甜蜜乳汁,而且也失去了妈妈,可想而知这会让孩子多么恐惧。

第二点,当发现孩子吃手的时候,一定不要强行把手从孩子的嘴巴里拿出来,否则就会让孩子勃然大怒,也会导致孩子心情焦虑、紧张。当孩子处于口腔敏感期,且吮吸行为没有给孩子的身心健康带来负面影响,父母就要允许孩子吃手。

第三点,如果孩子吃手的行为的确很严重,父母就要想方设法找一些能够替代手的东西,让孩子用嘴巴去加工。例如安抚奶嘴,再如在婴儿月龄较大的时候,还可以给他们提供坚硬的磨牙饼干,这些都是不错的选择。需要注意的是,在孩子使用安抚奶嘴的时候,父母要避免让孩子对安抚奶嘴产生依赖性。有些孩子都上幼儿园了,还每天咂吧着安抚奶嘴,当然也是不好的。为此,父母可以有意识地转移孩子的注意力,让孩子忘记口腔的欲望,去玩会儿玩具,或者在短时间内看一集动画片,都是很不错的选择。有时间的父母,还可以带孩子去户外游玩,看看鸟语花香,感受大自然的勃勃生机。当孩子发现生活中原来还有比吮吸更快乐和有趣的事情,他们自然不愿意躲在家里吮吸大拇指或安抚奶嘴,而是非常积极地投身于更有趣的生活中,得到更丰富的感受。

父母要记住,只靠强制根本不可能马上改掉孩子吮吸手指的行为。只有采取正确的方式引导孩子,也以适宜的力度帮助孩子控制对手指的依赖,还要满足孩子在口腔敏感期的需求,才能帮助孩子顺利度过口腔敏感期，未来，孩子也就不会动辄用嘴巴去啃手边的任何东西。这对于孩子未来的成长有很大的好处。细心的父母会发现，有些成人在感到紧张的时候也会啃指甲，这其实是小时候没有顺利度过口腔敏感期的缘故。因而孩子的身心健康取决于父母正确的教养方式，父母一定要对孩子多多引导，才能帮助孩子健康、快乐地成长！

以沉默表示抗拒和排斥

很多父母都对孩子的沉默感到无奈，孩子尽管是父母生养的，实际上，父母并不完全了解孩子，为此也常常会把话说错，导致孩子对父母不满。面对沉默寡言的小人儿，父母从嫌弃孩子爱说话，到不适应亲子相处的压抑和沉重，必然要想办法来解决孩子沉默的问题，从而在亲子之间建立顺畅的沟通渠道。

孩子沉默的原因也是多种多样的。有的孩子沉默，是因为他们天生性格内向，不喜欢过于喧闹和嘈杂的环境，也常常固守着沉默，在自己的世界里徘徊；有的孩子沉默，是因为没有得到父母的尊重，或者说话的时候被父母否定，为此他们就以沉默表示自己的抗议；有的孩子在熟悉的环境里非常开朗，一旦进入陌生的环境，他们马上会沉默寡言，并且怀着警惕和戒备心理对待外界的一切；还有的孩子之所以沉默，是因为他们正在专注于自己感兴趣的事情，这种情况下，父母尽量不要打扰孩子，否则就会破坏孩子的专注力……总而言之，孩子沉默的原因多种多样，作为父母一定要洞察导致孩子沉默的深层次原因，这样才能有的放矢地解开孩子的心结，让孩子打开心扉，畅所欲言。

父母都会有这样一种感触，那就是面对自己信任的人，总是滔滔不绝说个没完，但是面对自己怀疑的人，本着"多说多错，祸从口出"的原则，难免会三缄其口，生怕自己因为说得太多而陷入被动之中。父母认为孩子应该不会有这样的感触和领悟，其实不然。小小年纪的孩子在沟通过程中就能敏锐觉察他人的态度，所以他们也会选择沟通的对象。从这个角度来说，有些父母无法打开孩子的话匣子，就是因为孩子不信任父母，也对父母怀着戒备心。面对这种因亲子关系不和谐导致的沉默，父母作为亲子关系的主导者，就要主动想办法赢得孩子的信任，进而与孩子顺畅沟通。

当然，除了这些大的原因之外，还有的孩子是因为突然遭遇一件事情，感到猝不及防，因而选择沉默。对于父母而言，一定要成为有心人，要更加理解和尊重孩子，真正平等对待孩子，才能有的放矢地解决亲子沟通的难题，也与孩子之间搭建沟通的桥梁。具体而言，父母首选要给孩子机会表达意见，认真倾听孩子，或者主动征求孩子的意见。这样一来可以避免误解孩子，二来可以让孩子感受到自己在父母心中的地位，从而与父母更加友好相处。其次，父母要引导孩子多多走出家门，走到人群中去与更多的人相处。前文说过有些孩子因为长期与父母缺乏交流，感情需求也没有得到满足，所以表现出孤独症的症状。父母是孩子最亲近的人，也是孩子最信任的人，一定要多多陪伴孩子，对孩子付出爱与真心、耐心和宽容之心，这样才能为孩子营造良好的成长环境，保障孩子健康快乐成长。最后，父母要针对孩子的个性特点，对孩子开展区别化的教育。每个孩子都是父母的心尖子、命根子，为此很多父母会不分青红皂白就特别溺爱孩子、骄纵孩子，而在孩子犯错之后又劈头盖脸数落孩子。这样水火交融的爱，孩子稚嫩的心灵无法承受，也常常在无形中受到伤害。父母要记住，每个孩子都是独立的生命个体，每个孩子都有独属于自己的人生。作为父母，哪怕拥有不止一个孩子，也不要把教育一个孩子的经验套用到另外一个孩子身上，否则就会导致事与愿违。为此，父母要对每个孩子都进行独立的教育和共同的教育，这样才能在了解孩子身心特点、脾气秉性的基础上，以适宜孩子的方式引导孩子。

相比起面对又哭又闹的孩子，当面对沉默不语的孩子时，父母往往更加抓狂，因为父母无从知道问题出在哪里，也就无法解决问题，而关于孩子的每一个问题都是急需解决的，也是经不起拖延的。作为父母，一定要确立正确的教育观念和意识，绝不要对孩子开展一言堂。只有在父母的鼓励中，孩子才会更有勇气，也才会坦诚地说出自己的真实想法。由此可见，在亲子沟通中，父母的态度和对待孩子的方式很重要。你知道如何打开孩子的心扉，让孩子对你倾诉吗？

第6章

学习不上心成绩上不去，你需要关心一下孩子的心理

现代社会竞争异常激烈，父母望子成龙、望女成凤，都希望孩子可以在学习方面出类拔萃，取得优秀的成绩。当父母一味地紧盯着孩子的学习成绩时，不如想一想孩子的心理状态是怎么样的。因为孩子的心理与学习成绩密切相关，心态好了，学习状态也会更好。

孩子为何厌学

很多父母误以为只有学习成绩很糟糕的孩子，才会厌学，实际上这样的想法并不全面，因为有相当一部分孩子即使学习成绩非常好，或者是不折不扣的学霸级学生，也依然会出现厌学的情绪。那么，孩子为何会讨厌学习，排斥和抗拒学习呢？这是因为孩子不知道自己为何而学习，更不知道学习对于自己人生的重要意义。从另一个角度来说，孩子总是缺乏自控力的，为此他们在学习的过程中，也常常因为学习任务繁重，或者在学习上遭遇困难和障碍，就变得灰心丧气，原本斗志昂扬、信心满满，一下子变得如同没气的气球一样。

作为父母，要想促进孩子学习，首先要端正孩子的学习态度，让孩子意识到学习对于自己的意义。很多孩子误以为学习是为了父母，或者即便知道学习是为了自己，也因为缺乏自制力而无法做到努力学习。因而作为父母要引导孩子了解学习、了解人生，从而帮助孩子有的放矢地提升学习情况，激发自己的斗志，帮助自己快速成长。

有一天放学，乐嘉明显兴致不高，一副很消沉的样子。看着乐嘉垂头丧气、愁眉苦脸的模样，先是妈妈询问乐嘉怎么了，后来爸爸回到家里也很关心乐嘉。但是乐嘉说自己没事，更是厌烦地回应爸爸关切的对待。对于乐嘉的表现，爸爸很不满意，当即狠狠训斥了乐嘉。这个时候，乐嘉委屈地哭了起来，才对爸爸说："你总是问我怎么了，怎么了，那我就告诉你。我每天不但要完成学校里的作业，还要完成妈妈布置的课外作业，我简直太讨厌学习了。"爸爸没想到乐嘉会说出这样的话，原本对乐嘉的关切化成了满腔愤怒："你想无忧无虑地生活吗？那我告诉你，你现在的生活是我和妈妈给你的，如果你不努力，你将来的生活就会很惨！"

乐嘉不以为然："不就是去要饭吗，那我也觉得比学习快乐。"爸爸被乐嘉气得昏头涨脑，妈妈赶紧从厨房里出来救火，对乐嘉说："乐嘉，你知道学习是为了什么吗？"乐嘉也带着情绪，生气地回应妈妈："为了你们，反正我不想学习！"妈妈又问乐嘉："那么现在不需要你为我们学习，你准备去做什么？"乐嘉无言以对，妈妈乘胜追击："就算现在不学习，你也什么都做不了，因为你还太小，能力有限，就算去工地上搬砖，人家也不要你。而且，你喜欢吃肉，肉是从哪里来的呢？要是没有钱，你怎么吃好吃的？想想天天吃大馒头的日子吧！"乐嘉陷入沉思，妈妈继续说道："有人说学习是为了将来找一份好工作，有人说学习是为了多赚钱，有人说学习是为了实现梦想，实际上学习就是为了提升自己，让自己有更好的发展和未来。那么，为何要有好的人生呢？就像那些流浪汉，有的时候的确也很快乐。你还记得《药神》吗？你看哭了三次的那部电影。"乐嘉点点头，妈妈说："《药神》里的穷人可怜吗？"乐嘉点点头："他们生病了，却没有钱吃管用的药。"妈妈又问："富人可恨吗？"乐嘉想了想，点点头，又摇摇头。妈妈说："穷人很可怜，富人并不可恨，因为他们不像以前的地主老财剥削穷人，而是依靠自己的努力去挣钱。"

妈妈话锋一转："你想当穷人还是富人？"乐嘉以毋庸置疑的语气回答："当然想当富人啦！"妈妈说："为什么呢？"乐嘉回答不上来，支支吾吾地说："富人有钱！"问题又回到原点，妈妈继续对乐嘉循循善诱："人总是想要得到金钱、权势，不是因为他们很想成功，而是因为他们想要得到更多的选择权。你如今也许认为自己可以没有大房子，没有好的车子，就不需要学习，其实不是的。未来你在人生中会面临很多选择的机会，当你有更多选择的权利，你就更加积极主动，也会主宰自己的命运。有得选，总比没得选更好，知道吗？"乐嘉显然还不能一下子理解妈妈的话，困惑地看着妈妈。

妈妈突然间灵光乍现，对乐嘉说："例如，你现在想买一件礼物，你如果只有10块钱，那就没得选，只能买不超过10块钱的礼物。如果你有200块钱，你可以选择的空间是不是大了很多？因为200块钱以下的商品比10块钱以下的商品更多。"乐嘉恍然大悟。妈妈说："你学习，是对自己负责，是为了自己好。只有充实自己，未来你才可以自由地选择从事自己喜欢的工作，而不是为谋生而工作。"妈妈的话让乐嘉陷入沉思，乐嘉觉得心中豁然开朗。当天晚上，他主动完成作业，而且心情愉悦，整个人都变得神采奕奕。

毋庸置疑，厌学的情绪对于孩子的影响是很大的，如果孩子不能端正学习的态度，在成长过程中争分夺秒地认真学习，那么他们就会陷入被动的状态。作为父母，不要把提升孩子的学习成绩作为首要的任务，而是要相信孩子在未来的成长之中一定会有更好的表现和发展。如果孩子总是在学习中犹豫不定，而且对于繁重的学习任务也怀着抵触的态度，他们的学习效率自然会很低，他们的内心也会因此变得犹豫纠结。

作为父母，要更加理解孩子。虽然孩子不用为了生活而奔波，但是孩子也是非常辛苦的，更需要父母的理解和支持。虽然孩子学习是为了自己，但是父母不要总是对孩子颐指气使，也不要总是命令和强求孩子。孩子还小，又因为从小得到父母无微不至的照顾和关爱，所以难免会娇生惯养，承受能力也比较差。作为父母，要想让孩子具有坚韧不拔的品性，就要在日常生活中多多激励孩子，让孩子更好地成长。

遗憾的是，现实生活中，很多父母已经习惯了否定和批评孩子，每当孩子在学习成绩方面不能达到父母的预期，父母就会对孩子百般挑剔和苛责。不得不说，这会严重伤害孩子的自信心，也会导致孩子在成长过程中迷失自我。正如人们常说的，好孩子都是夸出来的，那么要想培养出好孩子，作为父母，就要首先学会夸赞孩子。

孩子不喜欢学习其实很正常，人的本能都是趋利避害的，谁不愿意玩耍和休息呢？所以父母要引导孩子不断地进步，而不要以强制的手段逼迫孩子去学习。归根结底，爱玩是孩子的天性，在自控力没有得到充分发展的情况下，父母要理解孩子爱玩的天性，也要尊重孩子内心的节奏，才能指引孩子循序渐进地适应学校的生活，也领略学习的奥妙。

不得不说，在这个全民教育焦虑的时代，父母都望子成龙、望女成凤，也希望孩子将来能够出类拔萃，获得成功。然而，父母必须接受的一点是，孩子未必在学习方面独具天赋，这也就意味着孩子在学习方面的表现很有可能远远低于父母的预期，也有可能根本无法让父母满意。作为父母，不要对孩子怀有过高的期望，而要接纳孩子，也认可孩子的表现。唯有给孩子确立恰到好处的目标，才能对孩子起到激励作用，否则很容易导致孩子在成长过程中陷入困境，变得焦虑不安。归根结底，父母不管对于孩子怀有怎样的期望，孩子能够健康快乐地成长才是父母最大的心愿。正如人们常说的，不忘初心，方得始终，父母也要始终牢记对孩子的渴望和本心。

孩子简直是十万个为什么的代言人

大多数父母在回忆孩子小时候的事情时，往往会感到很无奈，因为他们觉得孩子简直就是十万个为什么的代言人，一定有那么一段时间会把父母问得哑口无言，恨不得马上在孩子面前消失。实际上，这是孩子在成长过程中，思维能力飞速发展的表现。有的时候，小小年纪的孩子真的会把爸爸妈妈问住，有些爸爸妈妈比较爱面子，还会觉得在孩子面前丢脸呢！

从本质上而言，孩子爱提问是好事情，如果孩子对什么事情都提不起兴致，也不愿意与父母沟通，那么父母就要观察孩子是否有孤独症的倾向，或者孩子的思维能力是不是发展滞后。对于每一个孩子来说，这个世界都是非常新鲜的，他们从睁开双眼时就在观察世界，当他们学会走路，他们也就展开了探索世界的征途。所以父母既要保护好孩子的好奇心，也要跟随孩子成长的脚步，引导孩子透过世界的表象，认识世界更加深刻的内在。

当孩子打破砂锅问到底的时候，父母不要对孩子采取敷衍了事的态度，更不要厌烦地训斥孩子。在孩子心目中，他们把父母看得非常重要，也会很崇拜父母。所以父母采取怎样的态度回答问题，往往会影响孩子对于生命的理解和思考。作为父母，未必就是知识绝对渊博的，所以即使被孩子问住，不知道该如何回答，也不要觉得尴尬。不如借此机会告诉孩子知识的海洋是无边无际的,再引导孩子以合理的方式去学习,找到正确的答案,这比训斥孩子瞎问来得更好。

如今,妈妈都有些害怕晓菁了,因为晓菁总是对妈妈不停地问啊问啊,还常常把妈妈问住。周末,春光正好,爸爸提议带晓菁去动物园玩,妈妈当然也愿意出去走走,呼吸新鲜的空气,再去看看小动物,但是妈妈提前和爸爸说好:"爸爸,出去你负责牵着晓菁,我每周五天都被她问来问去,真的要被烦死了,而且信心全无,因为她问的很多问题我真的都不知道如何回答,也没想过。"看到妈妈烦恼的样子,爸爸当即答应:"放心吧,再有问题我负责解答,绝对不劳您大驾。"在爸爸的逗乐下,妈妈也忍不住笑起来。

果然,到了动物园里,面对可爱的动物,晓菁又开启了一千零一问的模式:"爸爸,这是什么?它为什么喜欢在水里啊?""爸爸,长颈鹿的脖子为什么那么长?""爸爸,大熊猫怎么没有彩色的毛呢?""爸爸,考拉为什么趴在那里一动也不动呢?"虽然爸爸是在妈妈的提醒下做好充分的思想准备的,但是面对晓菁充满奇思妙想的提问,爸爸还是忍不住冒汗。在接连几次无法回答晓菁的问题后,爸爸想出了一个好办法,他对晓菁说:"晓菁,有些问题爸爸也不知道,不过没关系,爸爸可以和你一起找答案。我们先把问题记下来,等到回家之后查找答案,好不好?"晓菁高兴得一蹦三尺高,当即兴致勃勃继续参观动物园。爸爸呢，就像个勤学的小学生一样，随时记下晓菁的疑问，等着回到家里和晓菁一起找答案。妈妈看到爸爸的样子忍俊不禁地对爸爸说："你现在知道你闺女不仅是一千零一问，简直是十万个为什么了吧！"爸爸尽管尴尬，还是很高兴地说："晓菁这么爱提问，将来一定有出息！"

晓菁爸爸说得很对，爱提问的孩子尽管常常把爸爸妈妈问住，但这也恰巧意味着他们的思维转动快速，并对外部世界充满好奇。所以父母要保护孩子勤学好问的热情，不要有兴趣的时候就回应孩子，没兴趣的时候就对孩子置之不理，这不利于保护孩子的好奇心。事例中爸爸采取的方法就很好，既可以保护晓菁提问的热情，也因为坦诚自己的确不知道如何回答问题，引导晓菁记住疑问，回到家里再想办法找答案，从而激励晓菁要积极地学习。

在孩子提出问题的时候，父母要端正态度，不要觉得孩子是在烦人，而要意识到孩子是在通过提问的方式开启自己的思维。对于那些懒得提问的孩子，父母还要激励孩子打破砂锅问到底呢！

抄写与默写的区别

进入小学阶段的学习之后,对于需要背诵的内容,老师常常会布置孩子回到家里先抄写再默写,从而起到加深记忆的作用。然而,有些孩子喜欢耍滑头,他们对于老师安排的作业,如果不能熟练地默写出来,就会趁着父母没有监督他们写作业的时候,故意抄写。当然,和默写相比,抄写的难度大大降低,首先不用在完成作业之前先牢固记忆,其次抄写很轻松,正确率也可以大大提高。看到孩子这样偷懒,父母未免会抓狂,有很多父母都因为作业的问题,经常和孩子发生冲突。不得不说,一味地争吵和发生矛盾,并不能解决问题,重要的在于要了解孩子的内心,有的放矢地帮助孩子解开心结,让孩子明白努力的意义,这样孩子才能更加健康快乐地成长。

在丹妮升入一年级的时候,就有很多人告诉爸爸妈妈,孩子一旦升入小学,和平喜乐的日子就结束了。因为丹妮适应小学阶段的过程很顺利,所以爸爸妈妈对于他人所说的话不以为然:小学也不是那么可怕的,好吗?然而,短短的两年时间过去,丹妮升入了三年级,爸爸妈妈这才恍然大悟:别人说的话是真的。

进入三年级之后,学习方面的节奏明显比以前加快,而且作业也越来越多。为此,习惯了在低年级阶段享受快乐教育的丹妮,变得很不适应,别说和其他孩子一样上课外班了,就是保质保量按时完成学校的作业，也很困难。有的时候，眼看着就要10点了，丹妮还在磨磨蹭蹭地写作业，爸爸妈妈很抓狂。为此，家里隔三岔五就会因为丹妮写作业的事情爆发冲突。

有一天，已经很晚了，丹妮还没有把课文背诵下来，这样一来她就无法完成老师布置的默写任务。思来想去，丹妮居然偷偷地把课文抄写了一遍拿去给爸爸签字。看到作业本上赫然写着"默写"，再看看丹妮假装默写的课文工工整整，连个错别字都没有，爸爸忍不住问丹妮："丹妮，这是你默写的吗？"丹妮装作镇定的样子，轻轻地点点头，爸爸说："好吧，那现在把课文背诵一遍给我听。"丹妮顾左右而言他："爸爸，快点儿签字吧，我还要洗漱睡觉呢！"要知道，丹妮以前对于按时睡觉这件事丝毫不着急，但是这次却一反常态，这就更加证实了爸爸的猜测。爸爸对丹妮说："不着急睡觉，先背诵一遍给我听。看你默写得这么好，我认为你一定背诵得特别流畅。"丹妮只好结结巴巴开始背诵课文，才背诵了一部分，就卡壳了，无法背诵下去。她羞愧得哭起来，爸爸语重心长地对丹妮说："丹妮，你这不是在骗爸爸，也不是在骗老师，而是在骗你自己，知道吗？"丹妮当然知道骗人是不对的，但她实在太困倦了，也不知道如何把这么长的课文背诵下来。为此，爸爸教会丹妮快速记忆的方法，即洗漱之后入睡之前熟读课文10分钟，尝试着背诵课文10分钟，然后再强制记忆5分钟。次日早晨，起床之后再重复这个程序。丹妮很怀疑爸爸说得这么轻描淡写,记忆的效果到底如何。她抱着试试看的心态去做,果然,很快就把课文背诵出来了。次日放学,她又重复这样的过程,把课文背诵得更加熟练。

丹妮当然知道默写和抄写的区别,她之所以投机取巧,就是因为她不知道自己应该怎么做才能把课文背诵下来,又因为时间拖得长,非常困倦,所以才会故意以抄写代替默写。对于孩子来说,他们有趋利避害的本能是正常的,所以父母不要苛责孩子,也不要认为孩子是在故意偷懒,而是要理解孩子的天性,有的放矢地引导孩子。

养育孩子从来不是一蹴而就的事情,孩子即使非常努力,也常常会陷入学习的困境。作为父母,不要对孩子提出过高和过于苛刻的要求,而是应该在了解和尊重孩子本能的基础上,恰到好处地引导孩子,如果以错误的方式激发起孩子的逆反心理,就会导致孩子故意与父母对着干,反而事与愿违。

艾宾浩斯研究得出的记忆曲线原理,为人们揭示了遗忘的规律,只要反推这个原理,就可以得出增强记忆的方法。孩子未必知道这个重要的原理,那么父母就要把记忆的规律讲给孩子听,也要告诉孩子如何避免遗忘,牢固地掌握各种知识点。在整个学习的过程中,孩子需要学习的东西还有很多,作为父母要有意识地提升孩子的记忆能力,帮助孩子从抄写和默写的困境中摆脱出来。

当心孩子出现超限效应

心理学上有一个超限效应，意思是说当人对于某个方面的承受能力超过极限，他们就会做出相反的行为。超限效应是正常的心理现象，在适宜的情景与时机下很容易出现，为此父母在教育孩子的过程中一定要有意识地避免孩子出现超限效应，教育方法要得当，这样一来，父母才能根据孩子成长的节奏引导孩子，也效率倍增地督促孩子进步。

在有孩子的家庭里，很多父母都会因为学习而与孩子发生各种争执和矛盾。特别是在辅导孩子写作业的时候，父母都是八仙过海，各显神通。记得前段时间网络上流行的一个段子就表达了父母对陪孩子写作业的感慨，有人说自己是后妈，有人说自己心脏病发作，还有的人说家里屋顶已经被掀翻。不得不说，这些极端的情况一定意味着孩子已经出现超限效应，所以他们才会对父母的唠叨和督促充耳不闻，并坚持己见要自己想要的自由。

一天，吃完晚饭，又到了写作业的时间。爸爸赶紧拿走手机走出家门，因为他知道家里很快又会上演大战。果然，爸爸还没走到楼下呢，就听到家里传来妈妈的吼声："快点，磨磨蹭蹭的，什么时候才能写完作业！你吃肉的时候怎么不磨蹭呢，你出去玩的时候怎么动作那么迅速呢？"大丁则一直保持沉默，但是妈妈的训斥声依然传出来，所以爸爸不用问也知道大丁肯定没有按照妈妈说的去做。

最近，大丁不知道怎么了，以往的他非常听话，每天放学都能积极主动完成作业，近来也许是作业太多，大丁写作业的速度越来越慢，总是要在妈妈的催促下才开始写作业，而妈妈越是催促，他写作业的速度就越慢。为此，不管是上学放学的路上，还是吃饭的时候，甚至是睡觉之前，妈妈都会叮嘱大丁要快速完成作业，却没有什么效果。因为母子俩之间的战争越来越严重，无奈之下，爸爸只好去咨询心理专家。听完爸爸描述的情况，心理专家说："我建议您和您的爱人先不要过于频繁地管教孩子，显而易见孩子已经出现超限效应了。""超限效应？"这个名词对于爸爸来说很新鲜，为此他情不自禁重复了一遍。心理医生当即解释："对，超限效应实际上与我们常说的逆反心理有异曲同工之妙。"在心理医生的解释下，爸爸明白了超限效应对孩子的影响，决定回家告诉妈妈要减少对大丁的啰唆和管教。

果然，爸爸妈妈都强忍着不去唠叨大丁，大丁突然获得自由表现得十分兴奋，也总是挑战爸爸妈妈的极限，故意不完成作业。几天之后，大丁意识到自己的过分，开始自己管理自己，要求自己必须按时完成作业。渐渐地，他的自控力不断增强，各方面的表现也越来越好。

很多孩子都会一提起写作业就头大,为此,作业成为亲子关系不和谐的导火索,也常常导致父母与子女之间矛盾不断。要想改变这种情况,一则父母要端正态度,记住是引导孩子完成作业,而不要强制和命令孩子完成作业,最重要的是要帮助孩子养成完成作业的好习惯,也让孩子发现写作业的兴趣。二则作为孩子也应该接纳学习和作业,而不要觉得自己是在受罪。尽管说写作业是孩子的天职这样的话不够恰当,但是对于孩子而言,的确他们的主要任务就是学习。为此,孩子对于学习要端正态度,不要总是觉得学习是一种负担,而是要发自内心地接受学习,把学习作为自己喜欢做且乐于做的事情。

不得不说,大部分孩子的作业负担的确过于沉重。很多小学中高年级的孩子,不但要上学、完成学校里的作业,还要上课外班,完成课外班的作业。很多孩子每到周末,比平日里上学还要忙碌,一天的时间里甚至要换好几个地方去上课,回到家里才有时间完成作业。对于孩子而言,这无疑是个很大的挑战和沉重的负担。有相当一部分父母觉得孩子有吃有喝,衣食无忧,无法理解孩子的辛苦和压力。换个角度来思考,父母就会发现孩子每天的确很辛苦,也很疲惫,所以就要采取适宜的方式帮助孩子一起完成作业,而不要总是激发孩子的逆反心理,导致孩子对于完成作业怀着排斥和抗拒的态度。

当孩子出现超限效应,明智的父母就会三缄其口,从而给予孩子更多的成长空间。父母要记住,作为父母不可能一辈子都紧盯着孩子，也不可能面面俱到什么都为孩子安排好。随着孩子不断地成长，他总会离开父母的身边，总会拥有独立的生活，父母唯有给予孩子更多的决定权，引导孩子形成自控力，孩子未来才能管理好自己，也才会真正成为人生的主宰。

此外，在批评孩子的时候，父母还要做到就事论事，绝不揭短。很多父母都有这样的坏习惯，批评孩子的时候就像在开展忆苦思甜大会，一则告诉孩子自己小时候家里多么贫穷，生活条件多么简陋；二则告诉孩子一定要珍惜眼前的生活，多多努力；三则有些父母还会把孩子以前犯的错误从头到尾数落一遍。不得不说，父母生活的年代和孩子如今的年代截然不同，根本没有可比性，说不定现在的孩子还羡慕父母以前能够自由玩耍呢！此外，每个孩子都会犯错误，每个人都曾犯过错误，可怕的就是父母揪住孩子的小辫子不撒手，导致孩子非常尴尬和被动。明智的父母会指出孩子现在的错误，也给予孩子合理改正的建议，而不会以各种不恰当的教育方式刺激孩子，否则只会激怒孩子，也会导致教育的效果更差。任何时候，这都是至关重要的。只有恰到好处的教育，才能打动孩子的心灵；也只有恰到好处的教育，才能让孩子更加心甘情愿地接受和配合。

不侥幸，才能充分准备迎接考试

孩子的生活除了吃喝玩乐，就是学习与考试，为此父母在陪伴孩子成长的过程中，既要照顾好孩子吃喝拉撒等生理需要，保证孩子的身体健康，也要关注孩子心理和感情上的需要，这样才能让孩子的心灵更加充实，也才能让孩子得到真正的快乐和满足。然而，在这个全民教育焦虑的时代，很少有父母能够绝对淡然地面对孩子的学习成绩。有些父母急得如同热锅上的蚂蚁，恨不得代替孩子去学习；有的父母尽管看起来很淡然，实际上内心深处很在乎孩子的学习成绩，每当孩子考试成绩出现大幅度波动，他们就会"原形毕露"，再也无法掩饰内心深处对于学习成绩的关注。其实，父母关心孩子的学习情况完全是合理的，也是可以理解的。在如今的应试教育下，大多数孩子还是要通过学习来改变命运，而眼下检验学习最重要且相对公平的方式，就是考试。

有些孩子平日里悠闲自得，看起来对于学习并没有付出太多，一旦到了考试的时候，却总是能出成绩。遗憾的是，这样的孩子通常都是别人家的孩子，是可遇而不可求的。大多数孩子的学习状况让父母非常恼火，那就是他们平日里没有对学习投入全力，考试前夕的关键时刻更是放纵自己。如此一来，他们还如何能够在学习上有更好的表现和成就呢？

明天就要考试了，乐嘉4点半放学，5点到家，6点就说自己已经写完所有的作业，可以放松一下。"明天要考试了，你不需要复习吗？"妈妈很担心。乐嘉轻描淡写地说："我不是上延长班了吗，在学校里已经复习过了。"按照以前的习惯，妈妈肯定会督促乐嘉必须认真看书复习，但是想到乐嘉也长大了，如果他没有复习，也该受到教训。如果他真的在学校里复习了，考得好成绩，那么说明他长大了，这正是妈妈愿意看到的。就这样，妈妈话到嘴边又咽下了，决定看看乐嘉自主复习之后，会考取怎样的成绩。

很快，考试成绩下来了，一直以来成绩在班级十名前后徘徊的乐嘉，这次居然考到了二十几名，而且数学的成绩排到了三十多名，也就是倒数十几名的样子。看到这样的成绩，妈妈再也搂不住火，质问乐嘉："这就是你已经复习的结果吗？倒退二十几名，你好意思吗？粗心大意马虎，你什么时候能不再这样啊？！"乐嘉自知理亏，一直低着头没有看妈妈。妈妈越说越生气，居然对乐嘉推搡起来，其实乐嘉已经长得和妈妈差不多高了。为此，妈妈的力气还没有乐嘉大呢！后来，妈妈更是规定乐嘉从现在开始就要冲刺期中考试，每天必须在完成学校里的作业之后，完成课外作业。

很多孩子都怀有侥幸心理，他们总会自欺欺人地认为，考试不会考自己不会的，只会考自己擅长的。结果等到拿到试卷的那一刻，他们立马傻眼，等到考试成绩出来的那一刻，更是懊悔不已。那么，孩子为何会有侥幸心理呢？

首先，人的本能都是趋利避害的，孩子当然也是如此。如今的孩子学习压力大、课业负担重，所以他们在感到疲惫的时候就会想要逃避，也不会考虑到那么长远的事情，只想着自己这一刻能够更加自由自在就好。

其次，孩子缺乏自控力。孩子正处于身心发展的阶段，对于自己的管理能力很差，所以父母尽管要对孩子放手，也不要完全任由孩子自己管理自己。否则，孩子就会变得很被动，也会因为缺乏自控力，而导致在很多方面的成长都落后。

最后，父母在平日里常心怀侥幸。有些父母做事时常爱说"也许不会碰到""也许不会发现"之类的话。这种思想也会感染孩子。所以，父母要有良好的生活态度，帮助孩子养成认真踏实的好习惯。一个好习惯的养成，对于孩子的一生会有很大的好处，作为父母，在教育孩子的问题上千万不要心怀侥幸，而是要积极努力地督促孩子，帮助孩子健康快乐地成长。

每个孩子都应该有属于自己的人生，在还没有真正长大成熟之前，父母对于孩子的引导和教育是至关重要的。有人说父母是孩子的第一任老师，也有人说孩子是父母的一面镜子，那么当看到镜子里的自己有些异常，父母一定要第一时间反省自己，这样才能正确地引导孩子。

孩子有畏难情绪怎么办

如今的孩子都是在蜜罐里泡大的,一出生就拥有爸爸妈妈、爷爷奶奶、姥姥姥爷的爱,不知不觉间就形成了以自我为中心的思想,总觉得身边的每个人都应该围绕着自己旋转。实际上,这样的想法是完全错误的。一旦孩子形成这样的想法,习惯了无忧无虑的生活,那么他们就会缺乏挑战精神和承受能力,只能按部就班地去成长。

在这个世界上,没有任何人能够轻而易举获得成功。古今中外,那些有所成就的伟大人物,并没有得到命运特别的青睐,反而遭受了很多的挫折和坎坷。他们之所以成功,是因为从不向命运屈服,而是迎难而上,总是满怀信心和勇气,坚决战胜困难。对于如今的孩子,父母最重要的是引导他们努力地突破和超越自己,也成就自我,而不要总是对他们有过度苛刻的要求。有些孩子之所以缺乏自信心,与父母总是严厉地批评和打击他们有很密切的关系。因而作为父母,一定要更加理性地对待孩子,不要以为爱孩子就是对孩子好,正如有些人曾经说过的,父母对孩子的溺爱,是对孩子最大的害。

作为父母,即使再爱孩子,也不可能陪伴、呵护和照顾孩子一辈子。终有一天,父母会老去,孩子会长大,等到父母需要孩子支撑起一片天地的时候,却发现孩子连基本的自理能力都没有,不得不说这是莫大的悲哀,也是家庭教育最大的失败。所以明智的父母从来不对孩子有求必应，也不会过度骄纵和宠溺孩子，相反，他们会有意识地提升孩子的能力，激发孩子的斗志，从而让孩子更加积极主动地面对人生的坎坷与挫折。正如一首歌里所唱的，不经历风雨，怎能见彩虹，为此父母要给孩子机会去接受风雨的打击，这样孩子才能鹰击长空。

在自然界里，老鹰是一种非常有力量的禽类。老鹰为了让小鹰学会飞翔，会叼着小鹰将其从悬崖上扔下去。为了求生，原本不会飞翔的小鹰不得不拼命扑打翅膀，奋力向上飞。对于幼崽狠心的不止老鹰，还有鹿妈妈。众所周知，鹿是很温驯的一种动物，但是鹿妈妈对刚出生的小鹿一点儿都不温柔。小鹿才出生不久，鹿妈妈就会使劲踢小鹿，让小鹿站起来，等到小鹿站起来之后，鹿妈妈又会把小鹿踢倒在地，这样几次三番，小鹿就能从一出生的不能站立状态到可以快速走动。这是为什么呢？因为在森林里随时都有可能面临危险，所以鹿妈妈必须让小鹿第一时间就有逃生的能力。动物世界尚且如此，人类世界更是如此。和动物世界相比，人类世界其实更加残酷，人类的孩子之所以过着衣食无忧的生活，就是因为父母的溺爱。

人类作为万物的灵长，人类的父母理应更懂得怎么做才是真正对孩子好。所以千万不要让自己对孩子爱心泛滥，也不要因此而让孩子陷入成长的困境。只有循序渐进引导孩子不断地成长，有耐心地对待孩子，孩子才会更加健康快乐。具体而言，父母要做到以下几点。

首先，要学会对孩子放手。很多父母总是将孩子保护得过于严密，不管什么事情都不让孩子去做，导致孩子在成长过程中束手束脚，自然不能有好的发展。

其次，父母不要总是给予孩子负面评价，要多多鼓励和赞扬孩子，激发起孩子的信心和力量。很多父母动辄就批评和否定孩子，使得孩子渐渐地失去信心，根本无法从容地面对成长。

再次，尊重孩子成长的节奏，给予孩子一定的时间和空间去舒缓。很多父母盲目地催促孩子，使得孩子成长的节奏被打乱，这样一来，他们当然无法控制好生命的鼓点，也会在盲目的过程中变得更加焦虑不安。

最后，父母不要禁止孩子去做超出孩子能力范围的事情，而是应该积极地鼓励孩子。唯有在一次次锻炼的过程中，孩子才能越做越好，也才能有杰出的表现。

记住，孩子之所以产生畏难情绪，一则是因为他们对于面对的困难不能正确评估，二则是因为他们对于自身不能正确评估。为此，父母的当务之急是引导孩子认知自己、正确评价自己，只有这样孩子才会更加健康快乐地成长，收获充实幸福的人生。

第7章 孩子叛逆不听话，找准原因正确引导

要想成才，先要成人。如果孩子在道德品质方面存在问题或缺陷，即使再有才华也枉然。所以父母要端正思想，在督促孩子努力进取之前，先让孩子成为一个可造之才。尤其是当孩子叛逆的时候，父母更不要因为着急就对孩子采取各种极端的手段。记住，父母唯有鞭辟入里地分析孩子出现的各种问题和现象，才能让孩子改掉坏习惯，身心健康地成长。

孩子为何爱撒谎

细心的父母会发现，孩子到了3岁以后，就会出现撒谎的情况。孩子撒谎的原因有很多。

第一，对于3岁左右的孩子而言，他们之所以撒谎，并没有恶意，大多数是因为分不清想象和现实，也因为脑海中出现各种想象，导致把想象中发生的事情视为现实。所以父母在发现孩子撒谎的时候，一定不要断言孩子品质有问题，而是要意识到孩子的身心发展处于特殊的阶段。

第二，有的是因为认知能力的限制，导致孩子出现过分夸张的语言描述。例如，妈妈给孩子买了个毛绒玩具，那么孩子在向小朋友描述的时候，也许会说这个毛绒玩具和爸爸妈妈一样高，而实际上这个毛绒玩具只有半人高。这是因为孩子没有准确认知和判断的能力，所以常常会在描述情况的时候夸大其词，笔墨过重。当然，这样的谎言同样是不带恶意的，甚至可以不称作谎言。

第三，还有的孩子撒谎是为了利己，他们为了满足自身的心愿和欲望，常常会以撒谎的方式为自己辩解。曾经有人说过，撒谎意味着孩子智力水平的提升，其实是有道理的。因为撒谎的孩子，正在以撒谎为技能来帮助自己实现心愿。不管孩子因为何种原因撒谎，父母都不应焦虑和着急，毕竟这是孩子成长过程中必经的阶段，也是正常的心理现象。父母只要有的放矢地引导孩子，根据孩子的身心发展特点帮助孩子，就能改善孩子撒谎的情况。

在家庭生活中，父母要想帮助孩子改掉撒谎的习惯，应做到以下两点。

首先要以身作则不撒谎，否则孩子马上就会向父母学习，变成撒谎有理。

周末，爸爸难得在家里休息，和修睿一起看电视。正在此时，电话铃响起来，爸爸对修睿说："睿睿，你接电话，如果有人找爸爸，你就说爸爸不在家。"修睿困惑地看着爸爸，接起电话："喂，你是谁呀？我爸爸说他不在家。"听到修睿的话，爸爸简直要气晕了，抬手给了修睿一巴掌，又接过电话："老张啊，不好意思，我刚才不在，孩子接了电话乱说的……"

修睿很委屈，妈妈正好回家看到这一幕，问起情况，修睿哭哭啼啼地说："爸爸撒谎，不是好孩子，还打我！"爸爸把事情的经过讲给妈妈听，妈妈忍不住责怪爸爸："你这个人怎么能教孩子撒谎呢！你今天教他骗别人，改天他就这样来骗你。而且，孩子不知道如何转述也正常，你还打孩子，真是错上加错！"妈妈的一番严厉批评让爸爸认识到了自己的错误，原本爸爸还觉得让修睿说自己不在家是正确的呢！

很多父母在生活中都会犯这样的错误，他们无形中就会当着孩子的面撒谎，甚至让孩子成为他们撒谎的帮凶。心理学家经过研究发现，每个人每天都要撒谎少则几次，多则十几二十次，之所以有的人说自己从来不撒谎，是因为他们没有意识到自己在撒谎。作为孩子的榜样，父母在孩子面前一定要谨言慎行，不要不假思索就当着孩子的面撒谎，更不要对孩子撒谎，否则对于孩子的影响是非常糟糕的。

其次，要对孩子遵守诺言，培养孩子一诺千金的好习惯。诚信是做人的根本，每个人唯有讲诚信，才能更好地面对自己和他人。家庭生活中，父母常常不拘小节，给孩子创造和谐融洽的家庭环境当然是很重要的，但是当父母对孩子过于随意时，孩子就会感到困惑。在家庭教育中，父母要统一战线，给孩子一致的教育，而不要给孩子带来困扰，也要在细节方面更好地对待孩子。

不要让孩子变成小霸王

自从1980年推行独生子女政策以来，在很多家庭里，都只有一个孩子。随着第一代独生子女成家立业，独生子女父母也有了自己唯一的孩子。在这种情况下，出现独特的"4-2-1"家庭结构，使得全家人都围绕着孩子转，恨不得把能给的都给孩子。渐渐地，孩子要风得风，要雨得雨，不管有什么需求和愿望，都会得到父母的允诺和兑现，长此以往，孩子必然骄纵任性，成为家里不折不扣的小霸王。

很多父母对于孩子的霸道不以为然，觉得在家里人人都应该让着孩子，却没有想到有朝一日孩子必须走出家门、走入社会，霸道的性格让他们根本无法融入人群之中，得到他人的认可和接纳。这样一来，孩子就无法建立良好的人际关系，变得很孤独。实际上，在这个竞争激烈的社会，除了父母会无条件对孩子付出，对孩子好，而其他人不可能毫无保留地对孩子好。作为父母，不要用溺爱害了孩子，而是要让孩子知道人与人之间应该相互包容，相互理解。

从心理学的角度来说，孩子并非生而霸道，而是在漫长的时间里逐渐养成了霸道的坏习惯。因而在陪伴孩子成长的过程中，父母一定要注意加强对孩子的引导和帮助，不要任由孩子提出骄纵的请求。当孩子因为任性而蛮横无理的时候，父母还应该给孩子确立规矩，让孩子拥有自控能力。有些孩子常常以哭泣为撒手锏来要挟父母，正是因为父母的妥协和骄纵，才让孩子变本加厉。由此可见，父母的教养方式和亲子态度，很大程度上决定了孩子的成长。

那些以自我为中心的孩子，任性霸道，也丝毫不顾及他人的感受。所以作为独生子女的父母，应该有意识地引导孩子与身边的人相处，如经常带孩子一起参加亲子班，让孩子从小就学会与人分享、合作；带孩子认识更多人，到人多的场合里，培养孩子的自信；让孩子感恩父母的付出，学会设身处地地为父母着想，这些都是至关重要的，也会给孩子更好的成长体验。尤其是在家庭生活中，父母一定不要把所有好吃的、好喝的、好玩的都留给孩子，否则孩子就算对父母也不愿意分享。当家里有了美味的食物，父母要与孩子一起分享。很多父母或是长辈在有了好东西时，总是一股脑地塞给孩子，等到孩子长大了，却又抱怨孩子吃独食，不懂得照顾别人，不得不说，这都是父母和长辈以不正确的亲子相处方式把孩子惯坏的。

当发现孩子很任性很霸道的时候，很多父母都做出了错误的反应，一则没有反思自身的原因；二则没有不动声色地引导孩子，反而给孩子贴上任性、霸道的标签，甚至还当着别人的面指责孩子是个小霸王。这样的做法大错特错，一则孩子是父母的镜子，孩子的一切问题在父母身上都能找到源头；二则当着别人的面教训孩子，会伤害孩子的自尊，和贴标签一样，都会导致孩子自暴自弃。这样一来，孩子还怎么可能积极主动地改正自己的错误行为呢？

"冰冻三尺，非一日之寒"，父母一定要了解孩子的身心发展规律，并给予孩子恰到好处的教育和引导。如果采取的教育方式错误，非但不利于解决问题，反而会让问题变得更加糟糕，也不利于家庭教育的推进。

让孩子拥有感恩之心

如今有太多的孩子都缺乏感恩之心,他们误以为自己就是世界的中心、宇宙的中心,因而不管是与亲人相处,还是与其他人相处,都带着一副不可一世、唯我独尊的样子,正因为如此,他们才会很孤独,因为根本没有人愿意与他们相处。此外,没有感恩之心的孩子也常常抱怨,总是觉得自己得到的太少,也总是觉得自己没有得到命运的眷顾,为此感到焦虑不安,失去平衡。不得不说,命运对于每个人都是公平的,正如曾经有人说过的那样,心若改变,世界也随之改变,孩子之所以满心抱怨,就是因为他们缺乏感恩的心。

一个人心里有什么,眼睛就能看到什么,人生就能收获什么。正所谓这个世界并不缺少美,缺少的只是发现美的眼睛。对于孩子来说,这个世界也不缺少感动,重要的在于他们必须有一颗感恩之心。有感恩之心的孩子对于生命更加敏感,他们会意识到自己的成长离不开父母的用心付出,也会意识到自己必须感恩这一切,力所能及地去回报父母,才能让爱在整个家庭中弥漫。试想,如果一个孩子连自己的父母都不感恩,他又怎么会感恩身边那些陌生人呢?由此可见,感恩之心要从感恩父母开始。

如今,孩子的生活水平特别高,不管是在城市还是在农村,父母都想把自己所拥有的最好的东西给孩子。渐渐地,孩子以为自己得到一切是理所当然的，更不知道父母为了给他们提供更好的生活条件，付出了多少努力和辛苦。这样的心态之下，孩子也许会因为长期对父母索求无度，而对父母提出更加苛刻的要求。因而在培养孩子成长的过程中，父母要引导孩子学会感恩，也要教会孩子感恩。

那么，如何培养孩子的感恩之心呢？

首先，要教会孩子对他人表示尊重和感激。人类是群居动物，在这个世界上，没有人可以独立生存，所以每个人都需要与他人相互配合、密切合作，才能更好地生存。孩子也是需要合作精神的，只有感恩身边每一个人对自己的付出，他们才会与他人建立友好亲密的关系，也才能更加有意识地回报他人。尤其是在得到他人帮助的时候，一定要牢记滴水之恩当涌泉相报的道理，切勿觉得别人对自己的帮助都是理所应当的。

其次，要培养孩子的感恩之心，父母就要常怀感恩之心，也给孩子树立榜样去感恩这个世界和身边的每一个人。在接受他人的帮助时，父母一定要对他人表示感谢；在日常生活中，父母不要当着孩子的面说他人的坏话，否则就会给孩子负面的影响。节假日的时候，父母还要给长辈购买礼物，表达对长辈的孝顺和感激，这是很重要的。在父母言传身教之下，孩子才能把理智上的感恩转化为行动上的感恩。

再次，如今学校里经常会组织各种思想教育活动，父母要积极地鼓励和支持孩子参加，如参观革命教育基地等。这样才能让孩子珍惜今天的幸福生活，也才能让孩子感恩自己所拥有的一切。

最后，父母可以适当地向孩子求助。很多父母为了照顾好孩子，总是全盘包揽，要求自己把每件事都做得又快又好。实际上，这在无形中剥夺了孩子感受的权利，试问如果孩子不知道打扫家里有多么辛苦，他怎么会珍惜妈妈的劳动成果，又怎么会感恩妈妈对整个家庭的付出呢？因而明智的父母会示弱，他们不会把所有的家务活全都包揽，也不会剥夺孩子尝试的机会和努力的权利。他们会适时地向孩子求助，也会尽量给孩子更多的锻炼机会，一则可以让孩子变得更加独立自主；二则也会让孩子学会感恩，可谓一举数得。

总而言之，孩子的成长离不开父母的教育和引导，也与父母营造的家庭教育环境密切相关。作为父母，要意识到孩子的成长离不开父母点点滴滴的浇灌，从小事做起，才能不断进步。父母陪伴孩子成长，也与孩子共同成长，父母想让孩子成为怎样的人，自己就要成为怎样的人，这是教育好孩子的前提条件。拥有感恩之心的孩子，才会有更加温情的人生。

诚实，是孩子最优秀的品质

曾几何时，孩子的眼神纯真、内心坦然，不管说什么还是做什么，他们都可以有效地帮助自己，让自己拥有更加强大的内心和更从容的心态。但是随着不断地成长，孩子反而越来越胆怯，他们无法从容面对自己的内心，也常常因为各种各样的事情不得不伪装或掩饰自己。看着这样的孩子，父母也常常觉得懊恼，却不知道问题出在什么地方。毋庸置疑，对于每个人来说，拥有诚实的品质是至关重要的。在教育孩子的过程中，父母可以忽略很多东西，唯独不能忽略对孩子品质的培养，这就和一棵大树一定要扎根深、长得直，才能成为栋梁之材是一样的道理。

孩子为何会失去诚实的品质呢？也许有些父母觉得，孩子不诚实，就是撒谎，就是品质恶劣。其实不然，孩子不诚实，也包括孩子对父母采取隐瞒的态度，不能做到坦率地面对父母。在亲子沟通的过程中，如果父母与孩子之间不能做到坦诚相待，那么父母与孩子的相处就会陷入困境，彼此之间也会疏远和隔阂。所以父母作为亲子关系的主导者，首先要诚实面对孩子，才能得到孩子同样的对待。有些父母对于孩子寄予过高的期望，总是给孩子巨大的压力，导致孩子心力交瘁，哪怕想说真话也根本不能做到，为此，他们常常会陷入各种弊端，导致内心压抑。

要想让孩子懂得诚实做人的道理，父母就要给孩子做出积极的榜样，不管是在与孩子相处的过程中，还是在与他人相处时，都要给孩子明确的态度。这样一来，孩子耳濡目染，才能获得成长和进步。

有一天，妈妈刚刚下班，就接到老师的电话。原来，今天进行了期中考试，小莫因为准备不充分，担心成绩考得不理想，所以采取了作弊的行为，抄袭了同桌的答案。老师发现了小莫的作弊行为，把小莫狠狠批评了一通，小莫还不以为然，觉得自己的行为没什么大不了的。对于小莫的表现，妈妈非常懊恼，等到小莫放学回家，妈妈决定对小莫开展一番思想教育工作。

妈妈问小莫："你知道考试作弊是什么行为吗？"小莫说："我只是想看一看同桌的答案，学习一下。"妈妈严肃地说："学习不能在考试的时候进行，否则就不叫学习，而是盗窃，也是不诚实的表现。考试是老师为了了解你们真实的学习水平而设置的，你这样故意伪装自己的成绩，既是欺骗老师，也是不尊重老师的劳动成果，而且还是蒙骗父母。如果你通过抄袭提高成绩，爸爸妈妈会误以为你的学习成绩很好，知道吗？"小莫有些意识到错误，低着头，不吭声。妈妈继续训斥小莫，小莫忍不住说："你就知道怪我，你除了知道跟我要成绩，还知道什么？"听到小莫抱怨的话，妈妈有些委屈，也很懊丧。

在这个事例中，小莫之所以作弊，最根本的原因就是小莫感受到来自父母的压力。事实的确如此，很多孩子不诚实，考试作弊，都是为了满足父母对于成绩的预期，也是为了避免遭受父母的责怪和惩罚。很多父母都以成绩作为衡量和评价孩子的标准，完全忽略了孩子的内心状态。实际上，每个孩子在学习方面的天赋是不同的，而且在学习上的表现也不同。其实，成绩并不能完全反映孩子的真实水平，父母一定要全面综合地评价孩子，才能对孩子做出更加理智的判断。

除了父母的压力，孩子还承受着来自学校的压力。学校的压力很多，如老师的压力、同学的压力，甚至是同桌的压力。毫无疑问，老师更喜欢品学兼优的孩子，为此，学习好的孩子总是会占据很多优势。而且，孩子也会和身边的人比较成绩，这也使得孩子变得紧张、焦虑。为了赢得父母的赞许、老师的偏爱和同学的羡慕，孩子一时之间又无法有效提高成绩，就只能采取这种极端的方式欲盖弥彰。

要想避免孩子作弊，父母就要对孩子有适度的预期，不要因为期望过高而让孩子觉得无法面对自己。在家庭生活中，父母尽管要督促孩子学习，也不应一味地盯着孩子，更不要让孩子感到自己无路可逃。除了在学习方面，在其他方面也是如此。孩子本身并不是撒谎成性的，父母一定要更加理解和尊重孩子，才能给予孩子最大的成长空间和最积极的对待。父母要知道，每个孩子都是这个世界上独立的生命个体，都有自己的优势和劣势，也都有自己的闪光点和不足之处。父母要真正发自内心地接纳孩子、包容孩子，才能让孩子在有心思的时候坦诚地向父母倾诉。

总之，不管是在学习的过程中，还是在成长的过程中，作弊都是非常糟糕的行为，父母一定要引导孩子改掉作弊的坏习惯。人生不可能永远藏着掖着，唯有打开心扉与他人坦诚相对的孩子，才能轻松快乐，心底无私天地宽。

端正价值观，远离攀比

如今，社会上不好的风气，对于孩子的成长也起到了很大的负面影响和误导作用。很多孩子小小年纪，不把关注的焦点放在学习和成长上，总是与身边的同学、朋友相互攀比，比较谁的鞋子更贵，谁的手机是最新款。不得不说，这样的攀比之风对于孩子的成长很糟糕，也会让孩子误入歧途，根本不知道自己成长的重点在哪里，也往往会因为对于物质的过度追求，而过于崇拜金钱。

喜欢炫耀和攀比的孩子，尤其是喜欢以物质和金钱来标榜自己的孩子，往往是因为缺乏正确的价值观作为人生的指导。为此，他们对于自己的成长就会有错误的认知。常言道，人外有人，天外有天，没有谁能说自己就是世界第一，无人能及。因而孩子从小就要避免以自我为中心的错误思想，也要知道有很多人都比自己优秀，却又非常低调。

现实生活中，不仅孩子喜欢攀比，很多成人也会陷入攀比的旋涡无法自拔。例如，妈妈们在一起会比较谁家房子大、谁家车子好，爸爸们在一起会比较谁的年薪高、谁的面子大，这些比较都是不健康的。既然每个人都是这个世界上独立的生命个体，既然人生从来不缺乏更高一级的人，还有什么必要比来比去呢？一个人最大的成功是什么？不是获得众人眼中的成功，而是能够获得自己想要的生活。

除了要给孩子树立榜样之外，父母还要引导孩子形成正确的价值观。孩子并非生而具有价值观，而是在后天成长的过程中，在父母循循善诱的帮助下才形成的。父母的榜样作用会影响孩子价值观的形成，家庭氛围、社会环境，同样会影响孩子价值观的形成。此外，随着不断地成长，孩子的人生经验更加丰富，他们也会知道自己想要怎样的人生。但是，在孩子小的时候，父母一定要给予孩子积极的引导，因为当价值观还在形成的过程中，父母可以有效对孩子施加影响，一旦孩子的价值观已经成型，父母的引导就不能对孩子起到积极的作用。

此外，很多年幼的孩子之所以爱炫富，也是因为受到身边同龄人的影响。例如，当孩子的小伙伴炫耀自己的玩具是多少钱买的，孩子也会理所当然地说出自己的玩具更贵、功能更多、款式更新颖。所以，近朱者赤，近墨者黑，如果父母发现孩子的某个伙伴金钱意识特别强，价值观也不端正，就要注意及时引导孩子，避免孩子受到小伙伴的消极影响。

有一天，马波放学回家，突然问妈妈："妈妈，你和爸爸一个月挣多少钱啊？"听到这个问题，妈妈很惊讶，因为马波从小到大都没有问过他们工资的事情，为何突然对爸爸妈妈的薪水这么关心呢？妈妈反问马波："你为什么关心这个问题？"马波想了想，说："今天，我的新同桌告诉我，他的爸爸妈妈每个月都挣好几万块钱，还说他过生日的礼物就花了好几千,是一个玩具车。"听了马波的话,妈妈心中升腾起不好的感觉,她问马波:"你很羡慕同桌吗?"马波说:"那个玩具的确很好玩,不过我觉得我更幸福,因为你和爸爸经常陪我。我同桌的爸爸经常出差,他的妈妈还很爱打麻将。"

听了马波的回答,妈妈悬着的心才放下来,她对马波说:"你这么想很对。高档的玩具的确很有趣,但是代替不了父母的陪伴。我和爸爸挣钱不多,加起来只有一万多,不过我们会为你提供充足的营养,也会有更多的时间陪你,让你有快乐的童年。当然,也不是说同桌的爸爸妈妈挣钱多不好,而是每个人能力不同,追求的生活也不同,感受到的幸福更是不同。只要你感到满足快乐,这就是最好的。"马波对妈妈的话似懂非懂,说:"嗯,妈妈,我觉得我很幸福。"

随着不断成长,孩子接触的人越来越多,与身边的人也会有更多的交集。为此,当孩子对于金钱、名利、权势等产生困惑的时候,作为父母,一定要及时对孩子展开价值观的教育,帮助孩子树立正确的价值观。虽然孩子不能一下子听懂爸爸妈妈想表达的所有意思,但是他们只要用心思考,渐渐地就会明白。

只有身心健康,孩子才能幸福快乐,这是至关重要的。很多父母对于孩子的成长总是本末倒置,把孩子的成绩放在第一位,实际上孩子哪怕考上名牌大学,读到博士后,如果心态不好,观念不正,就无法充实快乐。反之,如果孩子积极乐观,能够把金钱和物质摆正在人生的正确位置，那么哪怕家庭不是很富有，孩子也会从中感受到更多的乐趣，也因为得到幸福而心满意足。

孩子为何爱说脏话

孩子在4岁前后进入诅咒敏感期，经常会说出一些脏话、狠话、恶毒的诅咒，父母乍听之下未免会感到很惊讶，也很伤心：难道我的孩子品质恶劣吗？其实，孩子爱说脏话、狠话，不代表孩子品质恶劣，而是因为孩子在无意间领略到狠话、诅咒的话就有一种激怒别人的力量之后，就会感到非常新鲜，也会因此而模仿。所以大多数年幼的孩子之所以开始说脏话，都是因为受到身边人的负面影响。如果是因为周围环境的负面影响导致孩子爱说脏话，父母就要留意孩子身边的环境，从而有的放矢地帮助孩子改掉说脏话的坏习惯。

当孩子第一次说脏话，如果得到他人激烈的反应，如父母听到孩子说脏话也许会气得暴跳如雷，那么孩子很有可能变本加厉。这是因为孩子并不知道脏话的具体意思，但是他们乐于通过说脏话的方式把别人气得又蹦又跳，并且会因此而更加乐此不疲。所以有经验的父母在听到孩子说脏话的时候，不会第一时间就冲孩子发怒，甚至还会假装没有听到孩子说脏话，依然面色平和，给孩子正常的反应。这样一来，孩子觉得自己说脏话没有任何效果，也就不会继续乐此不疲地说脏话了。

有一天，甜甜正在玩呢，妈妈路过的时候不小心碰了甜甜一下，甜甜勃然大怒，对着妈妈喊道："妈妈，你是个傻瓜吗？"甜甜从来没有说过这样的话，妈妈觉得很有趣，还当着甜甜的面把这件事情讲给奶奶听，和奶奶哈哈大笑。后来，甜甜越来越频繁地把这句话挂在嘴边，妈妈意识到情况不妙，赶紧反思，并且告诉奶奶：以后甜甜再说这句话，咱们都假装没听见。

果然，在妈妈和奶奶装聋作哑一段时间之后，甜甜说起这句话的次数越来越少，最终，她彻底忘记这句话了。妈妈很高兴。后来，甜甜在幼儿园里又学会了几句骂人的话，都被妈妈以这样的方法顺利戒掉了。

孩子在成长过程中什么情况都有可能发生，有的时候，突然蹦出来让父母难以接受的话也不奇怪。例如，有的孩子会说"去死吧""我恨你"等话，比骂人的"傻瓜""笨蛋"等给父母带来的冲击更大。作为父母，一定要沉住气，要保持平静，这样才能避免孩子的诅咒、骂人情况愈演愈烈。

在幼儿阶段，很多孩子都会出现这样的负面语言，尤其是在感受到这些负面语言具有的力量之后，孩子会变本加厉，热衷于说这样的话。其实，孩子说这种话除了盲目模仿他人之外，有的时候也是为了吸引父母对他们的关注。当父母忙于工作，或者疏于陪伴孩子时，孩子觉得内心寂寞，感情需求也无法得到满足，就会想出各种调皮捣蛋的办法来吸引父母的注意。当然，孩子作为一个小生命，也是有强烈情绪的，所以偶尔在愤怒情绪的驱使下，孩子自己也会突然蹦出这样的语言，来表达自己的粗暴和怒气。事例中的妈妈采取冷处理的方式让孩子忘记脏话，就是很好的方法。

如果孩子情绪过于激动，父母也可以采取情绪疏导法，或者是注意力转移法，帮助孩子发泄情绪，让孩子找到正确的方式处理情绪，这都是很重要的。负面情绪不但影响孩子的言行举止，也影响孩子的心理健康，父母一定要关注孩子，也要给予孩子及时的引导和帮助。只有用心、耐心地陪伴孩子，父母与孩子才能友好相处，父母也才能助力孩子健康成长。

不要给他人起外号

常言道，金无足赤，人无完人，这就意味着每个人都是既有优点，也有缺点的，所以我们既要悦纳自己，也要悦纳他人，这样才能理性客观地评价自己，也宽容友善地对待他人。当看到别人身上明显的缺点时，有些孩子很容易做出一个举动，那就是以他人的缺点起外号，在公开的场合称呼他人。不得不说，这是非常糟糕的行为，首先是不尊重人，其次也会导致人际关系恶化，与他人发生不必要的矛盾。所以父母在教育孩子的过程中，一定要告诉孩子不要这么做，从而让孩子懂得礼貌，也处处受人欢迎。

有些顽皮的孩子对于给人起外号这件事情总是乐此不疲，却不知道自己顽皮捣蛋的行为给他人带来了多么严重的伤害。为了让孩子切身体验这种不愉快的感受，父母可以尝试着给孩子起外号，这就是典型的以其人之道还治其人之身，对于有效帮助孩子端正对待他人的态度是很有好处的。尤其是在班级里，孩子们的自尊心都很强，没有人愿意被他人以外号称呼，特别是当这样的外号还有可能带着恶意和侮辱的时候，就更加让人难以接受。

当然，父母也可以理性分析，告诉孩子他的身上同样存在缺点和不足，从而引导孩子设身处地地为他人着想。实际上，在人际关系的建立和发展过程中，换位思考可起到非常重要和积极的作用。当孩子掌握了这个技能，就可以把自己当成他人去思考问题，既可以为他人着想，也可以拉近与他人的关系，还会给人留下温暖和善的印象，一举数得。

有一天，妈妈去接子琪放学。才走出校园的大门，子琪就遇到了同班同学，她指着同学对妈妈介绍："妈妈，他是我们班里的'四眼'。"妈妈听到这个称呼，情不自禁地皱眉，那个同学不好意思地笑了笑，赶紧快步走开了。这个时候，妈妈严肃地对子琪说："子琪，你怎么能这么称呼同学呢？"子琪不以为然："没关系的，我们班级里的同学都这么称呼他。"

妈妈说:"就算别人这么做,你也不能这么做,因为这是对人的不尊重。"子琪说:"不就是个外号吗!"妈妈想了想,耐心地引导子琪:"子琪,你长得有些黑,皮肤没有那么白皙,如果别人叫你黑妞,你高兴吗?"子琪脸色马上沉下来,露出委屈的表情对妈妈说:"当然不乐意。"妈妈说:"是啊,黑妞还有昵称的意思呢,你就不乐意了,'四眼'还带有侮辱的意味,你觉得同学会乐意吗?"子琪说:"当然不!"妈妈说:"那你以后还这么叫同学吗?"子琪坚定地摇摇头。

对于孩子来说,被喊外号,尤其是被喊以缺点起的外号,绝对是很糟糕的感受和体验。为此,父母一定要告诉孩子:任何时候,都不要以他人的缺点起外号,更不要用起外号的方式嘲笑他人生理上的缺陷。人际交往的基础就是相互尊重,一个人要想得到他人的尊重,首先要尊重他人,这样才能与他人建立友好的关系。如果一个人给予他人的是轻视、嘲笑、挖苦、讽刺等负面情绪,那么就会得到他人的抱怨和疏远。

每个人都有缺点,如果想嘲笑别人的缺点,不如先想一想自己有哪些缺点。就算自以为完美,也不要嘲笑别人的缺点,更不要给别人起外号。若是关系特别亲近的人之间,起一个自己和对方都喜欢的昵称,那是无可厚非的。但是,这样的昵称带有私密的性质,最好不要在他人面前公开叫出来。学会尊重,是孩子走上人生的第一课,也是孩子畅行人生至关重要的一课。

第8章

大人眼中的「坏行为」，孩子心中的「小委屈」

因为对孩子的误解，很多父母都不理解孩子的行为，也常常会委屈孩子。尤其是对于孩子做出的许多事情，父母感到莫名其妙，也会因此在情急之下批评孩子。实际上，孩子的很多行为是因为处于特殊的身心发展阶段才做出来的，父母要理解孩子，要相信孩子的本质是好的，也要透过行为表象了解孩子深层次的心理原因。唯有如此，父母才能理解孩子，也才能陪伴孩子快乐成长。

喜欢就拿回家的误区

2岁之前,孩子基本上处于无我状态,认为自己与外部世界是浑然一体的。到了2岁之后,随着自我意识的不断发展,孩子渐渐地把自己与外部世界区分开来。然而,两三岁的孩子对于无权归属是没有概念的,他们对于是否拿起一件玩具的理由简单至极:是否喜欢。对于喜欢的东西,孩子就会拿起来玩耍,并理所当然地把这个东西当成是自己的。对于不喜欢的东西,父母就算将其强行塞入孩子的手中,孩子也会马上毫不可惜地扔掉。所以父母判断两三岁孩子的行为时,一定不要用道德品质去绑架孩子,更不要因为孩子拿了别人的东西,就说孩子道德恶劣,品行低下。孩子的行为看起来很像"偷窃",实际上这只是因为孩子处于占有欲敏感期,他们总是把自己喜欢的东西占为己有,而丝毫没有意识到这么做有什么错误。

当然,孩子会模糊地知道什么事情是对的,什么事情是错的,但是他们的自控能力很差。当喜欢的感情占据孩子的思想主流,孩子就会想方设法占有喜欢的东西。面对这样的情况,父母的当务之急是帮助孩子明白物权归属概念,告诉孩子什么东西是自己的,什么东西是他人的。只有在形成这样的观念之后,孩子才会准确区分物权归属,也才能控制自己不要把某个东西随随便便占为己有，同时学会把自己喜欢的玩具或食物与他人分享。

如今，很多父母都因为忙于工作，忙于给孩子创造更好的生活条件，所以根本没有时间去引导孩子。然而，父母给孩子的最好礼物是什么呢？不是一件又一件玩具，也不是漂亮的衣服，而是陪伴。一个孩子在成长过程中是否得到父母的陪伴，对于他们的成长有着截然不同的影响。得到父母陪伴的孩子，情感需求得到满足；而缺少父母陪伴的孩子，则处于情感欠缺状态，与父母的关系不那么融洽，沟通也不够顺畅。所以父母要知道，钱是可以慢慢挣的，但是孩子的成长却是不可逆的。也许父母今天因为各种原因而忽略了孩子，未来想要弥补却发现早已没有机会。

尽管孩子拿别人的东西不是偷，但是父母却要对孩子展开积极的教育和引导。在教育孩子的时候，父母要坚持以下几个原则。

第一，父母不要像审问犯人一样审问孩子，因为孩子不是父母的犯人，而是父母要用心用爱去呵护的人。面对父母的审问，如果孩子非常紧张和害怕，也许就会撒谎，那么无异于把孩子的行为导向更加错误的方向。所以父母要平心静气、和颜悦色地对待孩子，这样孩子才愿意向父母倾诉，也才愿意把内心的真实想法告诉父母。

第二，父母要教会孩子如何待人接物，当好小客人，也当好小主人。这样一来，孩子在集体生活中才能坚持原则，遵守规则，绝不轻易动别人的东西，也会控制好自己，避免侵占别人的东西。在孩子与小伙伴一起玩的时候，父母也要引导孩子，让孩子在玩别人的玩具之前，先和别人打招呼。好习惯的养成总是需要漫长的过程，也需要从点点滴滴的细节开始做起。

第三，有的孩子因为在家里娇生惯养，成为不折不扣的小霸王，他们明知道东西是别人的，也会想要把东西据为己有。这种情况下，父母不妨让孩子学会站在他人的角度思考问题：如果这是我心爱的玩具，我愿意给别人吗？当答案是否定的，孩子就会知道自己应该怎么做。此外，哪怕是孩子从别人那里借来的玩具，在玩耍一段时间之后，父母也要叮嘱孩子按时归还。这样一来，孩子才能建立有借有还、再借不难的思想。

第四，父母要多多关心孩子，满足孩子合理的要求和欲望。例如，孩子想要得到玩具，那么父母就可以有选择地给孩子买玩具；孩子想要吃美味的食物，只要孩子不贪吃，父母可以带孩子去亲身感受一下美食的魅力。和那些总是毫无限度满足孩子的父母不同，有些父母对于孩子的所有要求全盘否定，导致孩子的情感需求、心理需求通通得不到满足，自然孩子就会想方设法去抢别人的玩具。

作为父母，要帮助孩子形成物权概念，教会孩子不属于自己的东西不要拿，却不要过于严厉和苛刻。因为当父母过于严厉的时候，孩子就不敢对父母说出自己的心里话，这当然会堵塞亲子沟通。任何时候，成长都是一个漫长的过程，父母一定要有耐心，对孩子循循善诱，才能对孩子起到很好的引导作用，也让孩子的成长事半功倍。

孩子的胡乱涂鸦大有文章

孩子为何总喜欢乱写乱画呢？很多细心的父母都会发现，孩子到五六岁，甚至七八岁的时候，特别喜欢胡乱涂鸦。其实，孩子的写写画画看起来毫无规律，实际上大有文章。一开始，孩子也许是漫无目的地绘画各种乱七八糟的东西，随着不断成长，孩子渐渐拥有绘画的意识和兴趣，因而就会产生一些小小的想法。这种情况下，父母认为孩子的绘画也许乱七八糟，实际上这些线条却隐含着深层次的含义。

在乱写乱画的过程中，孩子在表达自己的想法，抒发自己的感情，也在通过作品展示自己丰富的心灵世界。作为父母，要想洞察孩子的内心，就要多多观察孩子的行为，分析孩子的画作，从而感受孩子丰富的情感世界。

有一天，妈妈带着甜甜去参加一个绘画班的面试。这个绘画班非常神奇，办学的理念是通过绘画，来了解孩子的心灵。面试之后，老师针对十几个孩子进行了初步测试，要求每个孩子都画一幅画。画的名字叫：一个人在雨里。

　　大概20分钟之后，孩子们的画作新鲜出炉，这些画作都是在没有老师指导的情况下完成的，以期表现出孩子内心最真实的世界。有的孩子直接画了雨和一个人；有的孩子画了雨，人则是打着伞站在雨里；还有的孩子画了人在车里，车在雨里；也有孩子画了一所房子，人在房子里，房子在雨里……当着爸爸妈妈的面，老师开始分析孩子的性格。画着人在雨里的孩子，内心是很开放的，性格相对开朗；打着伞的人，则意味着孩子有安全感的需要，所以才会给人打一把伞。相比之下，画了人在房子里的孩子，对于安全感是最为缺失的，而且性格一定很内向。老师分析之后，很多爸爸妈妈都连连点头，因为老师分析的孩子性格很有道理，也很符合自己孩子的实际情况。

　　这是一次通过画画进行的测试，通过老师的分析，你们是否也觉得很有道理呢？不妨也让孩子去画这样一幅画，告诉孩子"一个人在雨里"，而不要给予孩子过多的暗示和干扰。也许，你会发现孩子的画作展示了他的内心。

　　很多父母误以为自己是这个世界上最了解孩子的人，其实不然。随着不断成长，孩子心思越来越细腻，父母对于孩子的了解就会越来越少。实际上，每个人天生就是画家，和音乐家、作家等艺术工作者需要经过培训不同，画家是非常自由的，也不会受到条条框框的约束。对于孩子来说，只需要一支

大人眼中的"坏行为"，孩子心中的"小委屈"　第 8 章

笔和一张纸，就可以自由地用线条表达自己的内心世界。

当看到孩子喜欢涂鸦的时候，很多父母觉得孩子在绘画方面有天赋，也许会把孩子送去参加绘画班。实际上，这对于孩子来说，并不是一件好事。如果说孩子涂鸦的时候是在天马行空，那么在参加绘画班以后，如果老师的教学思路是引导孩子去绘画还好，如果老师强制规定孩子必须以怎样的方式画各种东西，反而会禁锢孩子的思想。所以父母不要急于把孩子送去绘画班学习，而是要给孩子时间，让孩子更加理性地成长。越是给孩子更多的时间自由地发展天性，越是有利于孩子的成长。具体而言，父母要做到以下几点，才能既保护孩子稚嫩的心灵，也促进孩子的成长。

第一点，要认识到孩子的乱涂乱画，有着特定的含义，而不要盲目禁止孩子。很多父母嫌弃孩子把能画的地方都画得乱七八糟，却没有想到要给孩子准备一个涂鸦的黑板，这样孩子才能更加快乐地涂鸦，也在绘画的过程中感受到乐趣。

第二点，父母要认真欣赏孩子的作品，当孩子把自己的画作送给父母欣赏的时候，他们心中一定期望得到父母的认可和鼓励。父母切勿漫不经心地对待孩子的画作，也不要连看也不看就表扬孩子"好""棒"，孩子会感受到父母的态度，父母的态度甚至会影响孩子对于绘画的热爱程度。

第三点，父母也可以和孩子一起涂鸦。很多父母总是条条框框太多，也总是用这些琐碎的条款去约束孩子。殊不知，孩

子的成长需要更大的空间和更加自由的环境,父母一定要尊重孩子,也要理解和信任孩子,更要蹲下来通过孩子的视角看世界,这对于孩子才会有更大的激励。和孩子一起涂鸦,对于孩子而言,就是父母与他们感同身受。当父母画出孩子可以看得懂的画作来,相信亲子之间的关系会更加融洽,亲子感情也会更加深厚,最重要的是父母可以和孩子一起携手并肩共同成长。

总而言之,涂鸦是孩子的语言,父母也许看不懂,孩子却自得其乐。作为父母,即使不能做到与孩子同乐,也要做到理解孩子,尊重孩子。要想做到这一点,父母就要永葆赤子之心,也要拥有和孩子一样纯真无邪的眼睛。

人来疯的孩子只是在求关注

所谓人来疯,顾名思义,即越是在他人面前,越是特别爱玩爱闹。对于孩子来说,人来疯意味着什么呢?意味着他们每当家里来客人的时候,就会故意在客人面前卖弄,说不定还会做出各种出格的举动,惹得爸爸妈妈生气,甚至让爸爸妈妈勃然大怒。对于人来疯的孩子,父母总是感到无计可施,也因为孩子给自己丢脸而非常生气,但是当着客人的面又不能过分训斥和责怪孩子,所以父母一定很窝火。

孩子为何会人来疯呢?其实,父母只要用心地去想一想,

第 8 章 大人眼中的"坏行为",孩子心中的"小委屈"

就会发现孩子人来疯的目的只是吸引他人的关注。很多父母平日里工作很忙,每天只有很少的时间和孩子相处,导致孩子希望得到关注的心理需求无法满足,每当家里有客人的时候,父母就会放下工作招待客人,所以孩子也借此机会吸引父母的关注。父母只有洞察了孩子的这种心理,有意识地满足孩子求关注的心理需求,才能有效缓解孩子的人来疯症状。

随着不断成长,孩子再也不是家里默默无闻的那一个,而是渴望得到父母的尊重和关注,也渴望自己能够在成长的过程中出类拔萃。因此,父母平日里既要多关注孩子,也要满足孩子的情感需求,这样孩子才不会等到人多的时候故意顽皮以吸引关注。对于人来疯的孩子,父母要当即满足他们的心理需求,而不要总是呵斥和训斥孩子,否则只会让孩子更加懊恼。

樱桃已经6岁了,正在读小学一年级。平日里,主要由奶奶负责带养樱桃,爸爸妈妈则在市区工作,只有到了周末才会回家。因此,爸爸妈妈和樱桃接触很少。

一个周末,爸爸妈妈回到家里,正巧奶奶过生日,家里来了一些客人给奶奶过生日。樱桃可算抓住了好机会,在客人面前特别顽皮,而且还总是对客人挤眉弄眼。爸爸妈妈说了樱桃好几次,樱桃也没有改变。最让爸爸妈妈尴尬的是,他们和哪个客人说话,樱桃就去哪个客人面前卖弄,简直是在丢爸爸妈妈的脸。妈妈终于忍不住,狠狠地给了樱桃一个巴掌。客人见此情形，对爸爸妈妈说："其实，孩子是想吸引你们的关注呢！你们没有发现吗？你们和谁说话，樱桃就围着谁玩耍调皮。这是因为你们的关注度在这个客人身上，所以机灵的小樱桃才想来分得一杯羹。"客人一语惊醒梦中人，妈妈说："平时我和她爸爸都在市区工作，所以和樱桃接触很少。看来孩子是想亲近我们，现在又被我训斥一通，打了一巴掌，一定觉得委屈吧！"妈妈赶紧把樱桃抱在怀里，再与别人交谈的时候，就总是对别人隆重介绍樱桃："这是我女儿，小樱桃！"每当这个时候，樱桃就很高兴，脸上露出满足的笑容。

对于人来疯的孩子，父母一定要给予孩子足够的关注，这样才能满足孩子的心理需求和情感需求。否则，孩子习惯了在人前疯狂，等到长大了，就会给人留下没礼貌的糟糕印象。具体来说，父母要想改变孩子人来疯的情况，就要做到以下几点。

第一，不要对孩子过于纵容。很多父母对于孩子缺少管教，总觉得孩子还小，什么事情都不懂，就忽略了对孩子的引导和帮助。长此以往，孩子不但不懂得礼貌，而且对于很多行为边界都不了解，因而就表现出人来疯的样子。在日常生活中，父母可以经常对孩子开展文明礼貌教育，让孩子知道自己应该做到什么、注意什么，这样孩子才能不卑不亢，彬彬有礼。当孩子在行为表现方面有所进步的时候，为了巩固教育的成果，也激励孩子继续努力和进步，父母还要及时认可和鼓励孩子，这样一来，孩子才会更加有力量，也有更强的自控力，督促自己做得更好。

其次，父母不要对孩子过于严厉和苛刻。很多孩子之所以有人来疯的症状，是因为平日里父母对于他们的管教过于严格，为此他们才会在有了客人，爸爸妈妈不会对他们过于严厉的情况下，肆意放纵自己。作为父母，一定要把握好管教孩子的度，不论是对孩子过于宽松，还是对孩子过于严厉，都是不利于孩子健康成长的。

最后，在日常家庭生活中，父母要给孩子制订规矩，唯有如此，孩子才能形成良好的行为习惯，也才能在成长的过程中更加进步。没有规矩，不成方圆，人人都知道这句话，但是很多父母在管教孩子的时候却完全忘记这句话。所谓树大自直，船到桥头自然直，但是运用到孩子身上并不适宜，这是因为孩子的成长是漫长的过程，受到很多因素的影响，父母稍不留心，对于孩子管教和引导不到位，就会导致孩子误入歧途，成长出现偏差。

爱探索的孩子喜欢折纸、积木

前文说过，孩子在2岁前后，处于浑然无我的状态，误以为自己与周围的世界是浑然一体的。到了两三岁，孩子的自我意识开始萌发，为此他们渐渐萌生出自我的意识，也把自己与外部世界区别开来。在这种情况下，孩子对于外部世界的探索意识越来越强烈，他们带着好奇的眼睛观察身边的一切，也很希望自己能够透过现象研究本质。

在这个阶段，孩子很喜欢折纸。他们似乎想把生活中的一切都变成生动的折纸表现出来，如他们看到海里的轮船、天上的飞机、水里的青蛙、地上的老虎，都希望父母能够用折纸的方式给他们再现。对于孩子这样的请求，父母往往觉得很疲惫，因为他们不知道如何做，才能满足孩子的需求。为此，有些父母会批评和否定孩子，甚至会对孩子表现出厌烦的样子。现实就是如此，有很多父母宁愿花费很多钱给孩子买昂贵的玩具，也不愿意花费一些时间陪伴孩子一起折纸，更不愿意引导孩子开发智力。渐渐地，孩子就会失去折纸的兴趣，而父母也失去了开发孩子智力、激发孩子学习热情的机会。

每一个健康的孩子一般都非常活泼好动，他们几乎一刻也不闲着，总是上蹿下跳、动来动去。很多父母都觉得这样的孩子很烦人，实际上这正是孩子健康可爱的表现。作为父母，一定不要误解孩子的表现，更不要限制孩子对于世界的探索。父母要支持孩子，可以陪着孩子一起做简单的折纸游戏，在此过程中还能发展孩子的空间感呢，岂不是一举数得吗？

除了折纸，孩子还喜欢玩积木。年幼的孩子最喜欢把积木搭建起来，然后将其推倒。有一些积木是带有异形空间的，孩子还会乐此不疲地从形状各异的积木中找出合适形状的积木，将其放入异形的空间里。有些父母在耐心陪伴孩子搭积木之后，发现孩子常常很有趣地把搭好的积木推倒。这样一来，孩子哈哈大笑，显得非常开心，父母却很困惑。作为父母，不管孩子做出怎样的举动，都不要感到惊讶，因为这正是生命的力量在发挥作用。既然孩子把积木推倒了，就重来一次，用积木搭出不同的样子，不也很好吗？

2岁之后，孩子的身体协调性增强，可以做出一些精细入微的动作，也可以进行更多复杂的、难度大一些的游戏。面对着积木和折纸，孩子会有更多新鲜的玩法，如他们会折叠更多复杂的形状，也会通过自己的创意把积木玩出新高度。总之，随着不断成长，孩子似乎把原本的玩具又玩出了新高度。这是孩子的智力持续进步的表现。

每当孩子折纸的时候，父母总是会对孩子提出要求，让孩子折叠出各种形状。殊不知，孩子一开始折纸并没有明确的目的，他们只是单纯喜欢折纸而已。因而父母也要按捺住对于孩子成长的功利心，帮助孩子专心致志的享受折纸的过程。即使孩子最终什么有形的东西都没有折出来，但是他们获得了快乐和领悟，这不就是最重要的吗？

如果父母想让孩子进步更大，就可以对孩子展开引导。

首先，父母可以给孩子展示折纸的过程，从而使孩子对于纸张的认知更加深入。毕竟对于孩子而言，能够把纸折叠起来，也很新奇。当孩子初步拥有折纸的能力之后，父母还可以与孩子一起观看《七巧板》等电视节目，这些节目可以教会孩子折叠简单的动物形状，从而让孩子掌握基本的折叠技巧。

其次，孩子在折纸的过程中，难免会遇到困难，在这种情况下，父母不要抱怨孩子动作太慢、折叠得不够好，也不要抱怨孩子进步太慢，而是要引导孩子更加努力。如果孩子需要帮助，父母就要适度帮助和引导孩子；如果孩子战胜了小小的困难，父母就要激励孩子，引导孩子再接再厉。总而言之，父母的评价对于孩子的影响非常大，这是因为很多孩子自我认知和评价的能力发展不够完善，因而常常会把父母对自己的评价据为己有。作为父母，在对孩子发表任何一句评价的时候，一定要谨言慎行，而不要信口开河、肆无忌惮。

最后，折纸是一项既需要动脑，也需要动手的活动。在折纸的过程中，孩子手脑并用，全神贯注，一定会有更好地成长和表现。当然，如果孩子正沉浸在自己的构思中，父母要注意，一定不要随意打断孩子，也不要盲目地指点孩子。对于那些孩子能够独立完成的事情，父母要给孩子机会去成长，让孩子得到历练，唯有如此，孩子才能进步更快。当然，在和孩子一起折纸的过程中，父母与孩子之间始终彼此互动、合作，所以亲子关系会更加和谐融洽，亲子感情也会更加深厚，这对于父母引导和教育孩子至关重要，也会让家庭教育事半功倍。

孩子的性意识开始萌芽

在中国的家庭里，因为受到传统思想的影响，所以父母对于孩子的性教育始终处于落后的状态。很多父母都不好意思和孩子谈性，还一厢情愿地认为只要自己对于性教育闭口不言，孩子的性意识就不会萌发。现实告诉我们，没有任何因素能够阻止孩子的成长，性意识的启蒙并不像人们曾经以为的那样直到青春期才会发生，而是在孩子三四岁的时候就已经开始萌芽。

细心的父母会发现孩子总是情不自禁做出一系列的"好色"行为，这正是孩子在用行为宣誓自己已经进入性意识萌芽时期。在这个阶段，父母一定不要自欺欺人，觉得孩子还很小，或者对于孩子的性萌芽状态视而不见。很多孩子在小的时候，缺乏自我认识的能力，对于各种事情的判断能力也有所欠缺。然而，随着不断地成长，孩子的性意识越来越强，他们"好色"的表现也更加明显。实际上，这就说明孩子急需性意识的建立。

很多父母在孩子小的时候，总是喜欢给孩子穿异性的衣服。例如，喜欢女孩的父母会给儿子穿小裙子，喜欢男孩的父母又会给女孩穿很男性化的衣服，这样一来，就会导致孩子产生性别错位。父母觉得这很有趣、很好玩，却给孩子带来很大的困扰，很多孩子甚至长大之后的言行举止都有异性化的表现。不得不说，这对于孩子的成长是很不利的。作为父母，一定不要觉得好玩，就给孩子穿异性的衣服。很多父母觉得孩子3岁之前不懂事，随便穿什么都行。其实，孩子不但懂事，而且在3岁之前正处于性别意识形成的关键时期。只有在孩子0~3岁时培养他的性别认同，也培养孩子的性别角色认同，孩子将来在性的认知方面才更加深刻，也会保持良好的成长状态。

一天晚上，妈妈在看电视剧，豆豆在一边玩耍。正在此时，电视上突然出现异性亲吻的场面，豆豆赶紧盯着电视节目看，目不转睛。妈妈赶紧拿起遥控器关掉电视机，这个时候，豆豆马上表示反对："为什么不让我看？"妈妈对豆豆说："这是大人的节目，小孩子不能看！"豆豆不以为然："切，我们班级里的小朋友还互相亲吻呢，怎么就是大人的节目了？"听到豆豆的话，妈妈惊讶得合不拢嘴。豆豆坚决要求妈妈打开电视机，想到这样的教育方式也许会激发起豆豆对于接吻的好奇，妈妈只好打开电视机，不过亲吻的镜头已经过去了。

后来，妈妈和爸爸说起豆豆班级里有孩子相互亲吻的事情，爸爸对妈妈说："不要大惊小怪啦，现在的孩子什么不知道、什么没见过？电视、网络就是他们的老师。"妈妈说："但是这么早就知道亲吻，肯定不好吧！"爸爸提醒妈妈："我上次听一位同事说孩子在3岁前后处于性意识的萌芽时期，其实你借此机会对豆豆开展初步的性教育也不错。"妈妈不由得做出眩晕状："那我得先去学学，万一教育错了怎么办呢!"就这样,妈妈买了几本儿童教育之类的书籍开始学习,这才恍然大悟,原来真的要对豆豆进行初步的性教育了。

很多孩子在达到相应的成长阶段后,都会出现"好色"的行为,如男孩会喜欢漂亮的阿姨,女孩会喜欢高大威猛的帅哥,这是因为他们开始对异性感兴趣。作为孩子最好的性启蒙老师,父母在陪伴孩子成长的过程中,一定要注意捕捉孩子的"好色"行为,这样才能及时对孩子展开引导,也才能给予孩子更好的教育。

父母一定要摆正心态,不要觉得父母对于性闭口不言,孩子的性意识就不会发展。其实不然。哪怕父母不对孩子开展性教育,孩子也会产生性意识的萌芽,所以父母要占据主动权,对孩子开展教育,这样才能让孩子对于性有更加正确的认识。

有些父母在发现孩子出现"好色"行为的时候,会严厉禁止孩子,也会给孩子贴上各种各样的标签,其实这样的批评和否定非但不会终止孩子的"好色"行为,反而会使孩子的"好色"行为愈演愈烈。作为父母,首先要淡化孩子的"好色"行为,只要孩子的行为不出格,看到了也装作没看到,这样孩子也会渐渐地转移注意力。其次,父母要告诉孩子如何正确地与小朋友交往,也要让孩子明确只有非常亲密的人才能亲吻,而不是随便和谁都可以亲吻。尤其是现代社会,有很多居心叵测的人,对于孩子也会做出性骚扰或性侵害,父母就更要正确引导孩子形成自我保护意识,避免与他人过于亲近。

当然,父母也不必对孩子的性意识萌芽如临大敌,归根结底,这只是孩子成长过程中的一个小小阶段。在5岁前后孩子进入婚姻敏感期,说不定还会提出与身边的人"结婚"呢。孩子的成长总是给我们带来惊喜,父母必须了解孩子的身心发展规律,并以正确的方式引导孩子,才能给予孩子更大的成长空间。

需要注意的是,在家庭生活中,有些父母会当着孩子的面做出亲昵的行为,这也会对孩子产生负面影响,带来很大的困扰。孩子的判断能力不够,他们并不能明确知道哪些行为是正确的、值得提倡的,也不能明确知道哪些行为是错误的,必须严厉禁止。在这种情况下,父母就要以身示范,避免对孩子起到误导作用。当然,父母之间正常的亲昵,营造良好的家庭氛围,让孩子在父母对自己的爱以及父母的爱情之中成长,对于孩子而言是莫大的幸运。

孩子为何怕黑

很多孩子都怕黑,这是为什么呢?孩子不应该是初生牛犊不怕虎,天不怕,地不怕的吗?当然不是。孩子也有保护自己的本能,因为在黑暗中视线环境很差,孩子看不到黑暗之中隐藏着什么,又不能预期自己将会遇到什么,所以他们就会对黑暗很恐惧，也会在处于黑暗环境中的时候本能地想要保护自己。归根结底，是因为孩子在黑暗的环境中缺乏安全感。

三四岁前后，孩子越来越对外部世界感到好奇，也想要通过自己的眼睛去看世界、探索世界。为此，他们要在生活中面临更多的情况，有些是超乎孩子预期的。尤其是黑暗的到来，更是让孩子目不能视，也让孩子焦虑不安。当然，适度怕黑是正常的，但是如果过度怕黑，则会影响孩子的心理健康，也会导致孩子的性格发展出现扭曲。为此，当孩子过度怕黑的时候，父母要对孩子展开心理干预，从而帮助孩子战胜心中的恐惧，坦然迎接黑暗的到来。

也有一些孩子怕黑，是有特殊原因的。例如，身边有人用黑暗来恐吓孩子，导致孩子把黑暗和很多可怕的事物联系在一起，这样一来，孩子就把黑暗视为邪恶势力的代表，对于黑暗也会更加迷惘和无助。在这种情况下，父母就要帮助孩子认知黑暗，让孩子知道黑暗并不代表什么，更不会有妖魔鬼怪出现。当孩子对于黑暗形成正确的意识，就能够做好心理准备，他们在黑暗到来的时候就会更加坦然从容。

有一段时间，妈妈要出差，就把奶奶从老家接过来，负责照顾琪琪。出差的一个月里，妈妈每天晚上都会和琪琪通电话。有一天，妈妈正在和琪琪视频通话呢，就听到奶奶喊道："琪琪，睡觉啦，天黑了，怪物要出来了哦！"当即，琪琪就挂断电话，乖乖去睡觉。听到奶奶这句话，妈妈觉得有些别扭，一时之间也没有想起来到底是哪里不对。

经过日思夜想的一个月，妈妈终于结束出差，回到家里。在奶奶的精心照顾下，琪琪长胖了一些，妈妈非常感谢奶奶。然而，夜晚来临，平日里早就习惯独自入睡的琪琪，坚持要求妈妈陪伴她一起入睡。妈妈还有工作没有处理完呢，为此，妈妈要求琪琪先睡，但是琪琪哭哭啼啼，就是不愿意入睡。妈妈被琪琪缠得没办法，以为琪琪是与自己小别重聚，故意撒娇。只好先放下手里的工作，照顾琪琪，等到琪琪入睡之后，再打开电脑处理工作。

次日晚上，琪琪还是如此。妈妈意识到问题的严重，耐心地询问琪琪："宝贝，你以前自己睡得很好，现在为何不肯自己睡觉呢？"琪琪哽咽着对妈妈说："妈妈，黑暗里有大怪物。"听到琪琪的话，妈妈忍不住笑起来，说："哪里有怪物啊，那都是骗人的。你看，你已经独立入睡半年了，都没有怪物啊！"琪琪说："妈妈，真的有怪物，奶奶说的，怪物还会发出呜呜的声音呢！"妈妈把琪琪哄睡后便打电话给奶奶询问情况。果然，奶奶为了让琪琪早点睡觉，故意骗琪琪说黑暗里有怪物，还在熄灯之后发出呜呜的声音骗琪琪怪物来了。所谓心病还须心药医，第三天妈妈哄琪琪睡觉的时候，也在熄灯之后和奶奶一样发出呜呜的声音，吓得琪琪瑟瑟发抖，正在这时，妈妈打开床头灯，对琪琪说："你看，怪物就是妈妈啊！

是妈妈发出的声音！"说着，妈妈当着琪琪的面又发出声音。琪琪很疑惑："但是奶奶在的时候，也有怪物在吼叫！"妈妈说："琪琪，那是奶奶发出的声音，为了吓唬你睡觉的。黑暗里根本没有怪物，是奶奶骗你的。奶奶这种撒谎的行为很不好，我已经批评过奶奶了，希望你可以相信妈妈的话，安心地睡觉，好不好？没有怪物，记住吗？"琪琪点点头，眼神里还有深深的恐惧。妈妈一直陪伴着琪琪，直到琪琪安然入睡。

琪琪之所以害怕黑暗，完全都是奶奶导致的。为了让琪琪早点儿睡觉，奶奶以错误的方式哄骗琪琪，结果导致琪琪从不怕黑到极度怕黑，可想而知琪琪承受了多么大的心理压力。很多父母或老人为了让孩子早早睡觉，以黑暗恐吓孩子。不得不说，这样的方法特别糟糕，有可能让孩子在长大成人之后依然对黑暗怀有恐惧的印象。让孩子早早睡觉固然重要，帮助孩子坦然面对黑暗更重要。

要想帮助孩子接受黑暗，减轻对黑暗的恐惧，一是要告诉孩子黑暗中什么也没有；二是要对孩子进行脱敏疗法，让孩子勇敢地面对黑暗。当孩子发现黑暗中的确什么也没有的时候，他们自然会战胜恐惧。

很多孩子已经在独立的房间里睡觉，为了给予孩子安全感，父母可以让孩子把喜欢的玩具拿过去，放在枕头旁边，得到陪伴。有熟悉的玩具相互依偎，孩子的恐惧感也会大大降低。有些父母为了帮助孩子赶走黑暗,会亮着灯让孩子入睡,实际上这对于孩子的成长是没有好处的。不过,孩子因为视力发育不够完善,在黑暗中视物模糊的情况是的确存在的,所以父母可以为孩子点亮一盏小夜灯,让孩子在夜晚醒来的时候可以看到周围的环境,这样一来孩子就不会感到害怕。

用扔东西的方式探索空间

孩子到了8个月之后,也有的孩子在10个月到1岁之前,变得特别爱扔东西。他们最喜欢做的事情,就是把手中的东西狠狠扔掉,听到东西掉落在地上发出的声音,他们会觉得很有趣。即使父母把东西捡起来交给孩子,孩子还是会继续扔掉,从这个简单的游戏中孩子得到了莫大的乐趣。有些父母看到孩子频繁地扔东西,就会训斥孩子:"不要扔了哦,再扔就不帮你捡了!"年幼的孩子对于父母的话不以为然,还是继续扔掉手里的东西。这种情况下,如果大人捡起东西不交还给孩子,孩子就会很郁闷,神情落寞,也有的孩子会伤心地哭起来。

那么,孩子为何这么喜欢扔东西呢?这是作为父母必须了解的问题。孩子之所以喜欢扔东西,实际上是在探索空间。他们以此来确定自己的空间感,也通过倾听不同的东西掉落在地上的声音,来区别东西的材质。看到这里,一定有很多父母懊

大人眼中的"坏行为"，孩子心中的"小委屈"　　第8章

悔自己委屈了孩子吧！的确，孩子并不像父母所想象的那么顽皮淘气，其实他们是在自主学习呢！

有心理学家经过研究和统计发现，孩子最早从6个月之后就会开始扔东西。他们在扔东西的时候兴致勃勃，好像自己正在玩一个非常有趣的游戏。即使父母认为这个游戏很单调枯燥，孩子却不这么认为，他们觉得自己很厉害，居然掌握了这样的技巧，可以把东西扔到远处，而且能让东西发出响声。为了激励孩子继续进行这项有意义的活动，父母非但不要因为厌烦而批评孩子，反而要多多鼓励孩子，也要给予孩子一个大大的赞。唯有如此，孩子才会更愿意扔掉手里的东西。

从手部动作发育的角度来说，孩子扔掉手中的东西，意味着他们可以通过手部的动作去进行更加精细的活动。实际上，在此过程中，孩子的视力也得到发展，器官的协调运动变得更加娴熟和随意。当孩子发现自己不但可以用手拿起东西，还可以把这些东西随随便便就扔到很远的地方，让东西发出声音，他们一定会感到非常惊讶，也会为此感到欣喜。孩子对于自身这项能力的发现所产生的喜悦，也许并不亚于哥伦布当年发现新大陆。这是孩子乐此不疲扔掉不同东西的原因，在此过程中，他们持续成长，快速进步。

在反复扔掉东西的过程中，孩子手眼并用，手部扔掉东西之后，眼睛还会追随着东西坠落的轨迹进行观察，耳朵还在聆听东西落地那一刻的声音。毋庸置疑，不同东西掉落在地上所

发出的声音是不同的，所以孩子在此过程中可以认知东西不同的质地，也知道东西要运行一个轨迹后才能从空中坠落地上。甚至在东西被抛出去到落地的整个过程中，孩子还会对东西的落地满怀期待。

对于孩子扔东西的行为，父母一定不要强行禁止或劝阻，否则会让孩子失去扔东西的兴趣，也会终止孩子学习的过程。正确的做法是，要多多认可和鼓励孩子，为了给孩子创造安全的扔东西的环境，父母还要把那些不能被扔掉的东西细心地收藏起来，而不要指责孩子把每件东西都不分青红皂白地扔出去。尤其是对于正处于扔东西热情高涨时期的孩子，父母还要多为孩子准备一些即使扔出去也不会摔坏的玩具，也要为孩子准备一些质地不同的玩具，这样孩子才能在扔东西的过程中学习更多。

有些父母有洁癖，不能容忍家里脏乱差，其实对于有孩子的家庭而言，家里时时刻刻保持清洁几乎不可能。当孩子正在玩玩具的时候，父母一定不要当即收起孩子的玩具，而是要让孩子痛痛快快地玩。和家里的干净卫生相比，孩子健康快乐地成长显然更加重要。对于孩子非常热衷的游戏，父母还可以陪伴孩子一起玩耍，这对于锻炼孩子的手部能力、增进亲子感情有很大的好处。

第 9 章

交际行为彰显内心，父母仔细观察才能有效引导

现代社会，人际交往被提升到前所未有的高度，即使是孩子，学会与他人相处也至关重要。为此，父母在陪伴孩子成长的过程中，不但要关心孩子的吃喝拉撒，也要关注孩子的心理状态和情感状态，从而才能透过现象看到本质，有的放矢地引导孩子健康快乐地成长。

自我意识萌芽，爱抢别人东西

两三岁前后，孩子的自我意识不断增强，为此他们常常形成以自我为中心的思想，换而言之，也就是在孩子的心目中，我最大，别人都是老二。正是这种错误思想的引导，导致孩子常常忽略了"你"和"他"，完全沉浸在自己的世界里自得其乐。尤其是在看到别人手中拿着自己喜欢的东西时，他们又会理所当然抢夺别人的东西，为此与别人发生矛盾，导致人际关系紧张。实际上，这并不代表孩子品性恶劣，而是因为两三岁的孩子无法准确区分哪些东西是自己的，哪些东西是别人的，为此在对别人的东西感兴趣或很喜欢的情况下，他们本能地就会上去抢夺。从心理学的角度来说，孩子做出这样的行为完全是正常的，并没有恶意。

每当看到孩子的东西被其他小朋友抢去，孩子哇哇大哭，很多父母都会心疼，也指责别人家的孩子没有家教。其实这么大的孩子还不是很懂得道理，家教并不能在他们身上凸显出效果。反过来，如果看到自己家的孩子抢夺了其他孩子的东西，有些父母觉得自家孩子没吃亏，甚至为孩子的强势沾沾自喜。而有些父母则感到很不好意思，觉得是因为自己没有教育好孩子，才会导致孩子做出这样错误的行为。实际上，孩子的这种行为和父母之间并没有必然的联系，父母要加大力度告诉孩子哪些东西是自己的，哪些东西是别人的，从而引导孩子建立物权归属的概念，也帮助孩子掌握规则，更好地与小朋友相处。

毕业10年，妈妈所在的大学宿舍的同学组织了一次聚会。因为聚会正巧安排在周末，各位姐妹也有意识让下一辈人相互认识，所以大家约定好把孩子们带着一起参加聚会。很快，妈妈们和孩子们见面了，除了一个丁克没有要孩子之外，8个女生带来了7个大小不一的孩子。孩子们从3岁到8岁不等，形成了一个小小的团体。一开始，孩子们在一起玩得很开心，妈妈们也放心地吃吃喝喝，叙叙旧，但是没过多久，孩子之中就传来尖锐的喊叫声、歇斯底里的哭声，妈妈们赶过去和解，却收效甚微。

一个孩子抢了另一个孩子的玩具，妈妈虽然告诉他这个玩具是弟弟的，不能抢，但是抢了玩具的孩子不以为然，继续拿着玩具玩。看着弟弟哭得伤心，妈妈索性把玩具从孩子手中夺过去还给弟弟，结果孩子哭得比弟弟还伤心。看着孩子们哭闹不休，妈妈们都很无奈，抢玩具的孩子的妈妈，还抬手给了孩子一巴掌。眼看着在愉悦的氛围中开始的聚会，很快就要被搅黄，那个丁克的同学说："姐妹们，亏得你们还都是妈妈呢，对于孩子的心理一点儿不了解啊。孩子这可不是抢，他们根本分不清玩具是谁的，只是觉得自己喜欢，就要去拿。"听到这套理论，其他同学都感到惊讶，后来在这位同学的讲解下，妈妈们才意识到反复和孩子强调不要抢别人的玩具，原来都是徒然。

要想改善孩子喜欢抢夺别人玩具的情况，父母应做到以下几点。

首先，父母要帮助孩子区分清楚哪些东西是自己的、哪些东西是别人的，否则孩子连东西属于谁都不知道，怎么可能做到不抢别人的东西，又怎么能做到乐于与他人分享呢！

其次，父母还要帮助孩子养成良好的习惯，让孩子自觉主动地玩自己的玩具，在玩别人的玩具之前必须经过别人的同意，也要在玩过玩具之后再还给别人。当孩子形成这样的良好习惯，就能够管理好自己的行为，也会增强自控力，拥有好人缘。

最后，父母一定需要注意的问题是，不要强求孩子必须让着其他小朋友。很多父母在发现自家孩子的玩具被抢走之后，根本不会维护孩子的合法权益，而是假装大方地对其他孩子的父母说"没关系，给他玩吧"，再告诉自己家的孩子"要谦让小朋友"。不得不说，这种做法会让孩子感到很困惑。如果他们这次谦让了其他的孩子，那么下一次他们就会理所当然地认为其他小朋友也要谦让他们，从而他们也就会理直气壮地抢夺其他小朋友的玩具。如此一来，孩子们之间相处的规则被破坏，秩序被打乱，对谁都没有好处。如果说人们以前思考问题的时候总是讲究人情而模糊规则，那么随着时代的发展，在面对和处理问题的时候，就要更加讲究规则，而不要把情感放在第一位。整个社会正是因为有了规则才能秩序井然，维持良性运转，一旦破坏了规则，对于每个人来说都将是非常糟糕的。作为父母一定要记住，不管孩子是被抢夺者还是抢夺者，都要针对具体的情况，坚持原则去教育孩子。否则孩子在成长过程中就会陷入困惑，也会因为父母对于类似事件不停改变态度而变得焦虑不安。

父母要记住，规则对于每个人来说都应该是平等的。那么父母在因规则为孩子讲述一些事情或规范孩子言行的时候，就要更加维护规则的公平性。要想让孩子不抢别人的东西，在家庭生活中，父母还要以身作则，给予孩子正向的引导和帮助。

自我意识增强的孩子爱打架

两三岁之后，孩子的自我意识越来越强，他们把自己和外部世界区分得更加清楚，常常为了维护自身的利益，而与同伴爆发矛盾和冲突，甚至产生肢体接触——打架。看到这里，也许有些父母感到不以为然：打架有什么好稀奇的，谁小时候没有打过架呢！的确，在几十年前，孩子之间打架几乎是家常便饭，尤其是有的家庭里孩子比较多，父母根本没有时间照顾这么多孩子，都是放养。所以，同一个家庭里孩子之间会打架，在家庭以外与小伙伴们相处时，孩子们也会打架。父母往往以为孩子打架是因为一言不合，或者是为了抢夺什么东西，却没有想到孩子打架只是因为自我意识发展，才会在与人相处的过程中产生摩擦和碰撞。

现代社会，很多孩子都是在父母的疼爱与宠溺下成长的，为此他们衣食无忧，成长快乐，从来不为任何事情发愁。等到有朝一日走出家门，进入幼儿园，或者是在社会环境中需要与他人相处时，孩子就会感到非常被动，因为已经习惯了以自我为中心的他们总是频繁地与他人发生矛盾，不但让自己很苦恼，也使得人际关系变得非常紧张。在这种情况下，性格暴躁的孩子总是一言不合就与其他孩子大打出手，而父母从未见识过孩子打架，未免担心。为此，很多父母匆匆忙忙介入孩子的矛盾之中，带着对自家孩子的偏爱，非但没有帮助孩子解决矛盾，反而护犊子，导致把对方孩子的父母也牵扯进来。为此，父母之间为了孩子而争吵，一转眼，孩子又和没有发生矛盾一样在一起玩耍，而这边父母之间的火药味还没有散尽，甚至争吵的架势正在升级呢！所以人们常说，不要为了孩子吵架，否则就是得不偿失。

周末，江边的沙堡乐园里，很多孩子在玩耍。尤其是滑梯上，孩子们更是争先恐后，谁都想抢先上滑梯，玩得更尽兴。一个稍大的孩子跑得很快，不小心把一个稍小的孩子撞倒。小孩子爬起来就和大孩子打架，听到小孩子的哭声，小孩子的妈妈赶过来，大声提醒大孩子："嘿，小朋友，要慢一点，不要碰到我们啊！"在此之前，大孩子的父母并没有提醒自家孩子要小心奔跑，避免撞到别人，听到小孩子妈妈的这句话，大孩子的爸爸马上出来喊道："你怎么回事啊，训我们家孩子干什么？"小孩子的妈妈一开始以为大孩子的父母不在旁边，现在意识到大孩子的爸爸很有可能看到自家孩子把别人撞倒，却不愿意干涉。现在看到自家孩子被批评，他就蹦跶出来护犊子。为此，小孩子的妈妈生气地说："我怎么训斥你家孩子了，这里这么多孩子，你家孩子跑得那么快，你不在这里看着，万一把小孩子撞倒受伤了，怎么办？我只是在提醒你家孩子。"

就这样，双方你一句我一句，彼此都带着火气，气氛越来越尴尬。后来，小孩子的爸爸和大孩子的妈妈也加入争吵，吵着吵着就动起手来，谁也不愿意谦让，最后还惊动了110呢！就在四个大人打得不亦乐乎时，两个孩子又玩起来，谁也没有生气，大孩子看到小孩子爬滑梯困难，也意识到父母们在吵架，就拉着小孩子爬滑梯。这时，警察让四个大人看看孩子们的表现，他们全都感到很羞愧。

孩子在一起很容易吵架，也会因为自我意识的增强，而热衷于打架。那么作为父母，如何才能帮助孩子处理好问题呢？

首先，父母要明确一个原则，那就是让孩子在力所能及的情况下独立解决问题。孩子之间的问题很简单，一旦父母介入，就会导致情况变得复杂起来。即便在同一个家庭里，父母也无法妥善处理好孩子之间的问题，因为父母总是会对某一个孩子特别偏爱，也就无法做到真正的公平。此外，孩子在一起玩耍，难免会发生各种矛盾，父母不要充当孩子的救火员，而是要让孩子找到处理问题的方式，在一次又一次解决矛盾的过程中，建立彼此都要遵守的规则，这才是最重要的。

其次，当孩子与别人家的孩子发生矛盾时，父母一定不要护犊子。前文说过，孩子的矛盾要让孩子解决，每个孩子都有自己解决问题的方式。在父母眼中，孩子也许怯懦，但是吃亏是福，谁说孩子在退让一步之后不能得到好的结果呢？孩子也许强势，但是强势就一定好吗？有些父母在看到自家孩子吃亏之后，孩子还没怎么着呢，父母就先上去对孩子指手画脚，抱怨孩子没有奋起反抗。其实，这样的强行干涉对孩子的成长极其不利，也不利于孩子解决问题。

最后，在问题发生之后，父母要尽量保持客观的态度。不管是自家的孩子之间发生矛盾，还是自家孩子与别人家的孩子发生矛盾，父母都要耐心地询问事情的整个经过，在解决问题的过程中，不要揪着任何一个孩子的错误不放，而是要耐心引导孩子找到最佳的方法去解决问题，这才是最重要的。

随着不断成长，孩子关于人际关系的经验会越来越多，当孩子对于与其他孩子发生矛盾这件事情有经验的时候，他们处理问题时就会更加坦然、从容。记住，让孩子维护自己的正当权益是对的,但是不要教会孩子睚眦必报,否则孩子的人缘只会越来越差。

不要忽略孩子的社交恐惧症

现实生活中,活泼可爱的孩子很多,患有社交恐惧症的孩子也不在少数。有些孩子的社交恐惧症并不明显,只表现为害羞、恐惧陌生人,或者情绪紧张、焦虑。对于这些症状不明显的孩子,父母无须过分担忧,因为随着不断成长,孩子必然会对陌生的环境、陌生的人和事情产生警惕与戒备心理,这是孩子在成长过程中必然会经历的特殊阶段。一旦回到熟悉的生存环境中,他们就会恢复快乐活泼,也会自如地表现自己。随着成长,孩子这种轻微的社交恐惧症状态会有明显好转。

相比起这些孩子,有些孩子的社交恐惧症很是令人担忧。他们不但在陌生的环境中面对陌生的人和事时畏手畏脚,哪怕在熟悉的环境里面对熟悉的人和事,也会表现出非常明显的胆怯和畏缩。而且,他们会出现明显的社交退缩行为,即为了避免承担责任,他们往往选择逃避。这样的社交恐惧已经严重影响孩子正常的社会交往,对于孩子发展人际关系有很大的坏处,所以父母要引起重视。

有心理学家指出,如果父母害羞,则孩子害羞的可能性就很大,这告诉我们害羞的性格是可以通过遗传影响孩子的。实际上,当孩子在行为上表现出害羞的样子,他们的内心却是对外部世界充满好奇、兴致盎然的。他们会趁着别人不注意的时候观察自己所处的环境,也会将他人的一言一行看在眼里。但是,这种对于外部世界的好奇和力量,被他们以极大的自制力克制住,为此他们从理智上告诉自己不要轻易介入外部世界,也不要参与他人的生活。如此一来,他们就不会随随便便进入别人的生活,总是守住自己的世界,呈现出不同程度的封闭状态。

从某种意义上来说,孩子之所以害羞,是一种本能。这也就是说,孩子天生就害羞,一是他们缺乏自信;二是他们在人际交往方面面临很大的困境,或者语言表达能力欠缺,或者与人沟通的水平不够。总之,在各种因素的影响下,他们刻意地控制自己,不让自己在社交方面表现出适度的热情。在这种情况下,父母一味地劝说孩子要热情大方,对于孩子行为的改善往往无法起到良好的效果。尤其是当孩子还小,对于文明礼貌的认识不足,也不能理性地思考问题。如此一来,父母的强迫往往会对孩子起到事与愿违的效果,甚至还会让孩子紧张、恐惧,更加害怕社交。

和那些乐观开朗的孩子相比,害羞的孩子性格内向、胆小谨慎,他们更善于保护自己,而不善于采取主动进攻的姿态去进步。当很多父母都为如何保证孩子的安全而焦虑时,害羞孩子的父母则无须紧张,因为害羞的孩子有更加强烈的自我保护意识，所以他们更能够约束自己的行为，保证自身的安全。当父母有一个害羞的孩子，他们更担心的是孩子能否融入外部的社会，能否与身边的人打成一片，拥有良好的人际关系。

要想引导孩子改变害羞的性格，越来越自主地融入外部环境，父母可以有的放矢地为孩子创造更好的家庭氛围。如果父母过于严肃，对孩子总是挑剔和苛责，那么就要改变家庭的氛围，让孩子可以在家庭环境中自由地表达自己。在为孩子选择幼儿园的时候，因为害羞的孩子一旦进入陌生的环境会更加紧张、拘谨，所以父母要为孩子挑选一位友好的老师。唯有如此，孩子才能在自由的环境中表现自己，发展人际关系，也可以有的放矢地激励孩子结交新的朋友。在家庭生活中，当父母需要去人多的场合交际时，也可以带着孩子一起参加。例如，和孩子一起走亲戚，或者带着孩子参加公司举行的家庭联谊会，让孩子去参加亲子班、兴趣班等，这些都有助于帮助孩子学会与人相处。

需要注意的是，父母在决定要带孩子一起参加集体活动的时候，一定要先征求孩子的意见，也帮助孩子做好心理准备。父母一定要避免强行带着孩子去参加集体活动，强迫只会让孩子更加紧张恐惧。有时候，父母还可以提前给孩子透露聚会的细节，这样一来，父母才能有效激发起孩子参加聚会的兴趣，也才能让孩子心中对于聚会产生强烈的期待。记住，带孩子参加聚会的目的不是完成一个任务，也不是只要把孩子拉去见更多的人就可以的，而是要让孩子能够真正地敞开心扉面对他人，也帮助孩子消除羞怯和拘谨的心态，从而拓展人际交往的范围，拥有更加和谐融洽、友善的人际关系，这对于孩子才是最重要的，也是最关键的。

孩子之所以害羞，与他们内心深处的自卑有密切的关系。所以父母在鼓励孩子拓展人脉关系的时候，还应该让孩子学会认知、认可自我，也让孩子能够客观评价自我。如果孩子总是在潜意识里否定自己，认为自己一无是处，他们还如何敞开心扉面对他人，自信满满地推销自己呢？对于父母来说，强迫一个害羞的孩子见到人有礼貌地问好并不是最重要的，而是要帮助孩子建立自信，这样孩子才能在他人面前表现得自信坦然、不卑不亢，在此过程中孩子的社交恐惧症也会不治而愈。

培养孩子的团队意识

如今，大多数孩子都是家里的独生子女，从小在父母无微不至的照顾下成长，还有姥姥姥爷、爷爷奶奶无条件的呵护与关爱，为此孩子们难免养成为唯我独尊的思想，也会在成长的过程中变得以自我为中心，考虑任何问题都从自身角度出发，从来不认为自己应该为他人着想。毫无疑问，在有一天离开家走入社会之后，这样的孩子一定会因为缺乏团队意识，而无

第 9 章　交际行为彰显内心，父母仔细观察才能有效引导

法与团队里的人和谐相处、共同成长。这对于孩子发展人脉关系，获得更好的人脉资源，毫无疑问是没有好处的。现在的很多家庭里都只有一个孩子，孩子难免孤独、寂寞，如果他们无法与其他小朋友友好地相处，就注定他们无法排遣孤独和寂寞。

在孩子成长的过程中，同龄人的陪伴至关重要，这是父母哪怕怀着一颗赤子之心与孩子共同成长，也无法取代的。所以父母不要认为只要有自己的陪伴，孩子就能快乐，而是应该更加重视引导孩子与同龄人相处，教会孩子与同龄人分享，相互帮助，才能让孩子顺利融入同龄人的团队之中。

通常情况下，孩子与同龄人相处有自己的方式。例如，他们会与同龄人争吵，甚至还会发生肢体接触，也会与同龄人相互学习。相比之下，孩子与成人相处则截然不同。这是因为父母总是让着孩子，其他的长辈也会处处满足孩子的心愿，导致孩子渐渐地形成以自我为中心的思想，目中无人，心中也无人。但是和同龄人相处则不同，他们之间会因为一个小小的问题而发生争执，也会因为想玩同一个玩具而不停地吵闹，最终，他们还会寻求合适的方式来解决彼此之间的问题。在此过程中，孩子渐渐地成长，持续地进步，人际交往能力也不断提高。

很多父母害怕孩子和同龄人相处时会产生各种矛盾，实际上，这种父母更多的是害怕孩子受到欺负，吃亏上当。不得不说，父母对于很多事情的衡量都以利益为标准，完全忽略了孩子在与同龄人相处的过程中会得到快乐与成长。对于孩子而

言，处理好与同伴的矛盾，是一个难得的学习过程，所以父母不要担心孩子会吃亏或受到伤害，所谓吃亏是福，又所谓吃一堑长一智，孩子不亲自感受很多事情，怎么可能把更多的事情做好、处理好呢？具体来说，父母在教养孩子的过程中应该注意以下几点。

首先，父母要鼓励孩子结交更多的朋友，也要放手让孩子与同龄人相处，融入同龄人的团队之中。对于还没有上幼儿园的孩子，父母应该经常带着他们走出家门，或者参加亲子班认识更多小朋友；或者在公园等公共场所，让孩子与更多的孩子认识。唯有如此，孩子才会从家庭环境中摆脱出来，也才会成功地提升自己的人际交往能力。

其次，在家庭生活中，父母切勿一言堂。很多父母的权威意识很重，总是把自己放在高高在上的位置，认为孩子在家庭生活中固然重要，却没有话语权。为此，不管是什么事情，父母从来不征求孩子的意见。有的时候，孩子针对一件事情想要表达意见，父母也会拒绝孩子，剥夺孩子表达的机会和权利。长此以往，孩子的内心只会更加压抑，也会郁郁寡欢，从而失去自信。不得不说，这对于孩子的成长是没有好处的，还会使得孩子形成畏缩和胆怯的坏习惯。细心的父母会发现，那些独立、自信、勇敢的孩子，都是从民主的家庭中成长起来的。所以从现在开始，父母就要为孩子营造民主的家庭氛围，也要给予孩子更大的成长空间，帮助孩子在爱与自由的环境中汲取生命的养分。

最后，父母要鼓励孩子多多参加集体活动。如今的孩子，最缺乏的不是知识和技能，因为大多数孩子都会接受很好的教育，缺少的是与人相处的能力和经验。有很多父母为了保护孩子，而限制孩子与更多的人相处，总是把孩子封闭在家庭的狭小天地中，这无形中阻碍了孩子的成长。人是群居动物，现代社会中的每个人都无法做到独立生存、离群索居，只有与他人相处，才能不断地成长。所以作为父母，最重要的是给予孩子最大的成长空间，也帮助孩子打开心扉接纳身边的人。在集体生活中，孩子也会感受到与家庭生活截然不同的乐趣，这对于孩子的成长而言，是弥足珍贵的体验。

话痨孩子的表现欲

当孩子到了四五岁的时候，父母会发现孩子变得特别爱说话，而且说话的时候要求别人必须认真倾听，否则他就会感到很不满意，还会大发脾气。不得不说，这是孩子自我意识不断形成和发展的结果，他们更加看重自己，也希望自己能够得到他人的认可和关注。此外，语言能力的发展，也让孩子变得更爱表达。为此，面对一个话痨孩子，父母一定要给予他们足够的关注和充分的尊重，这样才能满足孩子的心理需求与感情需求，也才能让孩子对于成长更加充满兴致。

话痨孩子不但在自家人面前特别爱说话，而且当家里来客人，或者去别人家做客的时候，他们的话痨行为更加明显。这是因为孩子渴望得到他人的关注，也希望赢得他人的认可和赞许。尤其是在现代社会，大多数家庭都只有一个孩子，不管是父母亲自带养孩子，还是把老人接到家里带养孩子，孩子都是非常孤独的。尤其是生活在大城市的家庭，孩子每天被关闭在钢筋水泥的家中，很少有机会与其他人相处，更没有机会接触更多的同龄人。为此，他们已经习惯了一个人孤独地玩耍，习惯了自言自语。当身边有"新鲜"的人出现时，他们难免会表现欲强烈，恨不得马上就能收获他人的关注，赢得他人的赞赏。有些孩子的话痨表现并不在于说话上，他们还会自发地表现自己的才艺，卖弄自己的才能，从而让他人对他们啧啧赞叹。

针对孩子的心理需求和感情需求，每当家里来客人的时候，父母不要只顾着招待客人，也应该郑重其事地向客人介绍孩子，还要把客人也介绍给孩子认识。这样一来，才能增强孩子的存在满，满足孩子在客人面前出现的心理需求。父母在与客人交谈的时候，只要说的不是工作上的事情，或者其他重大的事情，就可以让孩子参与。有些父母觉得孩子总是爱插嘴、爱抢话，就把孩子驱赶到房间里，不让孩子继续留在客人面前。殊不知，孩子之所以插嘴、抢话，正是因为孩子渴望得到关注和表现的机会，那么父母只要给予孩子更多的机会表达，也给予孩子机会发表自己的意见和观点，孩子自然就不会故意抢话、插嘴，导致给客人留下不好的印象。所以父母要注意主动配合孩子，这样才能给予孩子更好地成长。

当孩子表现欲强烈的时候，父母不要因为厌烦就故意打压孩子的积极性，而是应该保护孩子的表现欲，甚至可以适当鼓励孩子，引导孩子以正确的方式更好地展现自己，这样一来既满足了孩子表现自己的心理需求，也可以有的放矢地引导孩子成长，可谓一举两得。如果父母肆无忌惮地批评孩子，伤害了孩子的心灵，孩子未来就不愿意与人相处，也会感到郁郁寡欢。

有一天，家里来客人了，5岁的宁静马上从房间里跑出来，就像一个小大人一样冲着客人说："你好，欢迎你来我家。"客人看到宁静一本正经的样子被逗得哈哈大笑，妈妈也为宁静的懂礼貌而感到骄傲。然而，不一会儿，妈妈就发现情况不太妙，因为宁静在向客人问好之后迟迟不愿意离开，而是坐在客人面前，絮絮叨叨。妈妈还想和客人说些正经事呢，为此对宁静说："宁静，快点儿回到你的房间里去玩吧，我要和阿姨说点儿事情！"宁静嘟囔着嘴巴，极不情愿地离开了，可不到5分钟，又回来了。

这一次，宁静努力控制着自己没有说话，而是在一旁倾听妈妈和阿姨说话。等了有10分钟，在此过程中宁静始终如坐针毡。正在妈妈和阿姨相谈甚欢的时候，宁静突然大声喊道：

"我告诉你们，海绵宝宝的衣服就是黄色的，而且很有弹性，比你们说的弹性更大。"原来，妈妈正和阿姨讨论哪一款乳胶床垫的舒适性和弹性更好呢！宁静此前一直听不懂妈妈和阿姨说的是什么，听到弹性这个词语，马上兴致勃勃接着她们的话茬开始说。妈妈正想批评宁静不懂礼貌，阿姨却感兴趣地对宁静说："宁静，你可真聪明，你说的弹性很对，海绵宝宝就是弹性很大。那么，你告诉阿姨，你是喜欢弹性大的床垫，还是喜欢弹性小的床垫呢？"宁静毫不迟疑地回答："当然是弹性大的就像蹦蹦床一样，我可以在上面蹦来蹦去，不停地玩耍。"阿姨被宁静逗得笑起来，妈妈嗔怪道："阿姨是要结婚才买新床垫，又不是像你一样只知道玩呢！"宁静假装没有听到妈妈的嗔怪，继续笑眯眯地看着阿姨，满脸期待地等着阿姨继续和她说话呢！

宁静显然是个话痨，她一听到家里来客人了就赶紧从房间里走出来问好，就是想在客人面前表现自己。妈妈却不想让宁静耽误自己和朋友交谈，为此妈妈提醒宁静回到房间。宁静实在太想表现自己了，她很快又从房间里出来，认真倾听妈妈和阿姨的交谈，好不容易等到妈妈和阿姨提起一个她知道且理解的词语，就迫不及待地发表自己的见解。对于孩子这样的表现欲，父母应该理解，很多父母总觉得孩子是个话痨，甚至没有耐心倾听孩子的话。不得不说，这样的做法不利于发展孩子的语言能力，也不利于满足孩子的心理需求和情感需求，对于孩子的成长没有好处。

作为父母,一定要多多激励孩子勇敢地表达自己,也要给孩子提供更多的机会与人相处。否则当孩子习惯了独处,哪怕父母激励他们,他们也不愿意表现自己,孩子就会变得内向害羞,甚至患上严重的社交恐惧症,不但会影响孩子的人际交往,也会影响孩子的身心健康。

如果孩子的确表现欲特别强,恨不得完全霸占客人,导致父母没有机会与客人沟通,那么父母可以提出建议,让孩子玩会儿积木,或者看会儿电视,从而有效地转移孩子的注意力,帮助孩子暂时安静。这样一来,孩子不会觉得父母是在排斥他们,而是会很高兴地去做自己喜欢做的事情。对于稍微大一些的孩子,父母要教会他礼貌待人,让他们懂得礼仪和待客之道,还可以给予孩子机会当小主人,去接待和照顾客人。这样一来,孩子才会更加理解如何招待客人,也才会渐渐地明白自己应该什么时候说话、什么时候倾听、什么时候得体地退场。对于孩子而言,这样礼貌周全地招待客人需要漫长的时间才能完成和做到。

引导孩子的好胜心

每个人都有好胜心,成人的好胜心表现在爱攀比、嫉妒和虚荣,孩子的好胜心则更加直接,很多孩子索性直截了当地对对手说:"等着吧,我一定要赢你!"对于孩子这样坦率真诚的表现,很多父母觉得可爱,实际上,凡事皆有度,过度犹不及。当孩子好胜心适度,就能够激励自己不断努力和进取;当孩子好胜心过度,就会陷入被动的局面而无法自拔,也会扰乱自己的心绪,导致自己被嫉妒侵害,也无法从容面对自己。

还有的父母会发现,孩子很喜欢说瞎话,总是随口就说出很多不负责任的话,或者夸大其词,或者故意编造。实际上,这也是好胜心强的表现。这样的话,往往带有吹牛皮和夸大其词的意味,当孩子无法以实际行动让自己获胜的时候,他们就会用这样的方式来帮助自己获得心理上的安慰和平衡。

父母要想改善孩子好胜心强的心理,既要有意识地引导孩子,也要帮助孩子疏导情绪、平复心绪。其实,孩子好胜心强是有心理原因的。在儿童阶段,孩子的自我意识不断增长,为此他们的身心处于快速发展之中。他们希望自己拥有好玩的玩具,也得到每个人的关注,获得更多人的认可和赞许。对于孩子的这种心理,父母要洞悉,才能理解孩子的表现,也才能给予孩子适度的对待。

乐嘉的好胜心越来越强,和父母相处的时候,总是想略胜父母一筹。一个周末的晚上,乐嘉看了很长时间的电视,爸爸要求乐嘉关掉电视,洗漱睡觉。乐嘉老是磨磨蹭蹭的,爸爸还因为着急给了乐嘉一下。乐嘉当即生气起来,哭哭啼啼地抱怨爸爸打他。妈妈闻讯赶来，询问情况，乐嘉对妈妈夸张地说："爸爸打我了，还打我脑袋！"听说爸爸打乐嘉的脑袋，妈妈当然不乐意了，为此训斥爸爸："你怎么能打孩子的脑袋呢，你也不怕把孩子打傻了！"爸爸委屈地说："我没有打他脑袋，我就是轻轻拍了一下他的后脑勺，催促他快点！不然他总是磨磨唧唧的，动作太慢，都提醒三遍了也不管用。"

妈妈从爸爸这里得到的版本和从乐嘉那里得到的版本是截然不同的。为此，妈妈又去询问乐嘉，质问乐嘉有没有得到爸爸的提醒。乐嘉这才极不情愿地承认："爸爸的确提醒我了，但是我刚才在看书，还有一页就看完了，所以我才没有马上去洗漱。"妈妈批评乐嘉："乐嘉，说话要讲究事实，千万不要胡乱说，你这样故意夸大其词，会导致爸爸妈妈之间产生矛盾和误解，对你有什么好处呢？而且，你应该听过《狼来了》的故事吧，失去别人的信任可是很可怕的！"乐嘉原本想利用夸大其词的方法赢得妈妈的帮助，没想到妈妈了解真相之后反而批评了他一通，让他非常郁闷。

乐嘉并非故意夸大其词，而是潜意识想要得到妈妈的帮助，所以才故意这么说的。这就是孩子好胜心强的表现。也许有些父母感到困惑，这与好胜心强有什么关系呢？从本质上而言，乐嘉处于与爸爸的博弈过程中，为此他夸大其词，就是为了得到妈妈的支持和帮助，赢得妈妈的力量，一起去对抗爸爸、战胜爸爸。没想到妈妈很善于调查,知道真相后批评乐嘉说话没有尊重事实根据。相信经过妈妈的一番教育,乐嘉在说话夸张方面会有所收敛。

孩子总是争强好胜,不愿意输给任何人。当发现孩子为了求得胜利而故意隐瞒事实的时候,父母就要给予孩子正确的引导。适度争强好胜没有关系,但是过度争强好胜却会让孩子陷入困境,导致孩子在成长过程中走上偏差的道路。当然,孩子出于争强好胜故意夸大其词,其实是在潜意识的驱使下做出来的行为,所以父母不要对孩子过度苛责,也不要指责和批评孩子,更不要随意给孩子贴上说大话的标签,否则就会让孩子说大话的行为变本加厉。

孩子任何异常行为的出现,其背后都隐藏着深层次的心理原因,父母一定要与孩子进行深入的沟通和交流,才能明白孩子心中的所思所想,也才能给予孩子恰到好处地引导和教育。孩子的成长涉及方方面面的因素,作为父母,一定要让孩子身心健康地成长,才能让孩子避免过度争强好胜,也变得更加积极乐观。

第10章 孩子与父母互动，暗示内心对家人的感情

随着不断地成长，孩子越来越大，但是父母却发现，与孩子的相处变得越发困难，这是为什么呢？这是因为孩子的心思越来越多，对于人生也更加有主见。他们小时候对父母言听计从、绝对信任，后来，逐渐对父母怀有质疑的态度，希望摆脱父母的限制和禁锢，独立地面对人生，这真的是对父母的一种残酷考验。很多父母无法跟上孩子成长的脚步，对于孩子的认知依然停留在孩子小的时候，所以对孩子亦步亦趋，管束过多，导致亲子关系出现各种问题。正如台湾作家龙应台所说的，父母与孩子之间，随着孩子的成长，是在渐行渐远。这不是说父母与孩子的感情变得淡漠或疏离，而是说孩子不断成长，变成独立的生命个体，需要独立的世界。

孩子为何对父母的话置若罔闻

很多父母都怀念孩子小时候对自己言听计从的样子，因为随着孩子不断成长，父母发现孩子越来越不愿意听从父母的话，也不愿意与父母过于亲昵。一些独立性比较强的男孩，到了小学中年级时，就会要求独自上学和放学，根本不愿意让父母送。记得龙应台曾经在一本书里说，曾经那个作为自己小尾巴的儿子，转眼之间就成为大男孩，比妈妈还高，哪怕上学正巧与妈妈顺路，也宁愿自己去坐公交车，而不愿意搭乘妈妈的便车。妈妈心中未免感到失落，但这正是孩子成长的过程，也是父母子女必然的经历。

当孩子渐渐长大，父母会感到很失落，除了孩子不再愿意当父母的小尾巴之外，也与孩子常常对父母的话置若罔闻有关系。父母感到纳闷的是，孩子的耳朵就像装上了过滤器，对于想听的话马上就能听到，对于不想听的话，总是置若罔闻。这是孩子成长之后为了应对父母的唠叨而自主产生的一种新能力，可以有效避免与父母之间的矛盾。但是，如果父母为此而勃然大怒，那么与孩子之间还是会爆发各种冲突。所以父母与孩子，一定要更加理性相处，尤其是父母作为亲子关系的主导者，更是要采取适宜的态度和合理的方式对待孩子。

孩子与父母互动，暗示内心对家人的感情　第10章

转眼之间，乐嘉已经是小学高年级的孩子，进入了青春期初期。他渐渐地更加有主见，对于妈妈爱的叮咛也常常处于充耳不闻的状态。这不，秋天到了，妈妈担心早晚比较凉，所以提醒乐嘉要穿个外套，避免着凉。早晨，妈妈说了好几次，乐嘉都装作没听到，直到乐嘉要出门，妈妈还吆喝着提醒了一下。等到妈妈去乐嘉房间里收拾，发现拿好的外套就在床边，乐嘉根本没穿。妈妈不由得生气，抱怨乐嘉："这个孩子怎么回事，耳朵里就像塞了驴毛一样！"

傍晚放学，乐嘉回到家里，冻得瑟缩着脖子。妈妈对乐嘉说："看看吧，让你穿外套你不穿，早晚多凉啊，迟早感冒。"乐嘉关上门写作业。这个时候，爸爸恰巧在家，等到乐嘉关上门，爸爸提醒妈妈："你叮嘱他的次数已经够多了，如果他不穿，就随他去吧，他这么大个人了，难道不知道冷热吗？他不穿，说明他觉得还不用穿，等到他感到特别冷，就会穿了，你总不能强迫他穿吧！"妈妈无奈地叹了口气，觉得爸爸说得很有道理，也就不再唠叨乐嘉。果然，又一个星期过去，冷空气来了，乐嘉主动地拿出外套穿上。

相比起爸爸粗线条的爱，妈妈的爱显得更加琐细。妈妈总是过多地关注孩子吃喝拉撒等生活上的小事情，而爸爸的思维和男孩的思维同属于粗线条的思维，所以爸爸不会在细节上

过分要求男孩。不得不说,当孩子越来越大,父母的爱如果过于琐碎,也是孩子不需要的,不懂事的孩子会嫌父母啰唆;懂事的孩子则会假装充耳不闻,避免与父母产生冲突。在这个阶段,父母再想奢求孩子言听计从显然不可能,孩子自动过滤不想听的话,对于父母已经是极大的尊重。当然,作为父母也要了解孩子的身心发展情况,尊重孩子的选择,唯有如此,父母才能与孩子合拍,也才能给予孩子更大的成长空间和自由生存的环境。

当然,孩子的决定未必都是正确的。但是,父母不能为了保护孩子,就把自己的人生经验强行套入孩子的身上,要求孩子遵守。事例中,乐嘉如果一直不愿意穿外套,那么等到感冒难受之后,他自然就会穿上外套,从而避免再次感冒。所以父母无须过分强求孩子听话,对于很多事情,让孩子承担后果,比让孩子听话效果更好。正是在不断为自己的行为负责且承担后果的过程中,孩子才不断地成长,也才能够调整自己的心态,告诉自己哪些事情要采纳父母的建议,毕竟父母经验丰富;哪些事情可以坚持自己的态度和想法,做有个性的、特立独行的人。

还有的孩子之所以对父母的话充耳不闻,是因为父母给他们做出了坏的榜样。很多父母或者因为忙碌,或者因为觉得孩子的要求不合理,总是会有意无意地屏蔽孩子的话。众所周知,父母是孩子的第一任老师,在此过程中,孩子难免会受到父母的影响，渐渐地也学会对父母的话置若罔闻。所以父母要想让孩子及时地对父母的话做出反应，平日里在与孩子相处的过程中，也要更加认真地倾听孩子的话，这样才能给孩子树立好榜样，让孩子更加积极地与父母互动和沟通。

避免激发孩子的逆反心理

常言道，哪里有压迫，哪里就有反抗，这个道理在亲子关系中也有所体现。细心的父母会发现，当严令禁止孩子做某件事情的时候，孩子总是故意与父母对着干，偏偏要做某件事情，这就是所谓的"禁果效应"。为此，父母一定要了解孩子的心理状态，选择正确的方式与孩子相处，而不要总是故意强迫或压制孩子，避免起到事与愿违的教育效果。当然，也有的父母会灵活运用孩子的逆反心理，从而让孩子达到父母的预期，这么做的前提条件是父母非常熟悉和了解孩子，才能把孩子把控得恰到好处。

孩子在成长过程中有三个叛逆期：第一个叛逆期，出现在孩子两三岁的时候；第二个叛逆期出现在孩子七八岁前后；第三个就是著名的青春叛逆期。孩子本身就有叛逆心理，因为每个人都崇尚自由，本能地趋利避害。而当进入叛逆期，孩子的叛逆心理更加严重，也就会故意与父母对着干。在这种情况下，父母一定要找到正确的教育方法面对孩子，也要避免激发孩子的叛逆心理。唯有如此，孩子与父母之间才会和谐相处，亲子教育也才会起到最佳的效果。

最近这段时间，妈妈发现乐嘉进入了青春叛逆期，经常对妈妈的叮嘱充耳不闻，也经常对爸爸妈妈安排的事情直截了当地说"不"。例如，这段时间里，妈妈想给乐嘉报班补一补英语，毕竟乐嘉马上要面临小升初的考试，而乐嘉的英语成绩在班级里处于中等水平，并不出彩。为此，妈妈对乐嘉说："可嘉，我给你报名参加英语一对一的补习班吧，这样可以快速提升英语成绩。"乐嘉正坐在书桌前写字，头也不回地对妈妈说："不！"妈妈很郁闷："乐嘉，你想也不想就说'不'，这可是我花钱帮助你学习啊，你就不想一想这么做对你有多大的好处吗？"乐嘉不作回应。妈妈气得扭头就走，不愿意和乐嘉继续沟通。

后来，妈妈不顾乐嘉的反对，给乐嘉报名了一对一的补习班，还交了一万多元的学费。为此，每到周末，妈妈要求乐嘉必须去学习。但是几节课下来，老师就向妈妈反映："乐嘉上课的效果很差。"妈妈再和乐嘉沟通，乐嘉索性对妈妈说："又不是我让你报名的，你交了钱你去上吧，反正我不想去。"妈妈意识到问题的严重性，也不想让这一万多元打了水漂，为此和爸爸商量对策。爸爸抱怨妈妈独断专行，又专门找机会和乐嘉进行深入沟通，乐嘉这才勉为其难去上课。

　　对于处在叛逆期的孩子，父母切勿采取强制的手段要求孩子听从父母的建议，否则就会导致孩子故意与父母对着干。父母一定要尊重孩子，因为叛逆心理强的孩子最渴望得到的就是父母的尊重和平等对待。所以父母不要把尊重和平等对待当成口号，而是要切实地执行，这样才能与孩子建立良好的关系，也才能给孩子营造更好的成长空间。

　　需要注意的是，不但青春叛逆期的孩子会出现禁果效应，越是被强制越会激烈对抗，处于第一个叛逆期的孩子，也面临同样的情况。细心的父母会发现，孩子在两三岁前后特别喜欢说"不"，尤其喜欢与父母对着干，"不"几乎成为他们的口头禅，他们常常不假思索就会说出来。这是孩子自我意识萌芽和发展的典型表现，父母要正确引导孩子，不要总是强制要求孩子。两三岁的孩子正处于探索世界、形成性格的关键时期，他们的自我意识越来越强，才会迫不及待想要独立选择和决定很多事情。父母要给予孩子更大的自由空间，孩子的叛逆心理才不会那么明显和强烈。换言之，也就是避免给孩子营造与父母作对的环境，才能帮助孩子养成与父母和谐相处、民主沟通的好习惯。

孩子为何爱与父母撒娇

很多孩子都特别喜欢和父母撒娇，让父母不堪其扰。孩子对父母撒娇的方式很多，有的孩子喜欢黏着父母，不管父母走到哪里，他们就像小尾巴一样与父母形影不离；有的孩子表现为特别任性，总是以各种方式强迫父母必须满足他们的心理需求和感情需求，要求父母必须对他们言听计从；还有的孩子撒娇的方式是与父母疯狂玩乐打闹……总而言之，每个孩子撒娇的方式都不相同。对于孩子偶尔撒娇，父母还能配合，但是当孩子经常撒娇的时候，父母未免感到厌烦，若是影响父母做其他事情，父母还会训斥孩子。撒娇没有得到回应，反而被训斥，孩子当然会不高兴，也会为此而伤心难过，甚至哭泣。

孩子为何爱撒娇呢？从心理学的角度来说，孩子之所以爱撒娇，是因为缺乏安全感。如果孩子平日里得到父母足够的爱，对于爱的情感需求已经得到满足，那么他们就不会再对父母过分撒娇。作为父母，不要一味地训斥向自己撒娇的孩子，而是要了解孩子撒娇背后深层次的心理原因，才能知道孩子行为背后的心理需求。对于孩子而言，他们还很弱小，他们在这个世界上最信任和依赖的人就是父母，所以除了向父母求助之外，他们根本没有其他途径获得安全感。为此，当孩子出现撒娇行为的时候，父母要先反思自己是否已经给了孩子足够的爱，也让孩子获得了安全感。需要注意的是，帮助孩子获得安全感的方式，绝不是一味地宠溺孩子，否则非但不利于孩子成长，反而会使孩子对父母索求无度。记住，爱孩子，给予孩子安全感和宠溺孩子是完全不同的。

自从小可出生之后，爸爸妈妈就把奶奶从老家接过来，让奶奶负责带小可，妈妈则在休完产假之后继续工作。因为平日里和奶奶相处的时间更多，所以小可和奶奶感情很好，每当妈妈晚上下班回到家里，想要与小可亲近，小可总是不太配合。为此，妈妈都有些嫉妒奶奶了。

妈妈把这个情况告诉爸爸，并表示自己的心中酸溜溜的很失落，为此爸爸建议妈妈换一份轻松一些的工作，抽出更多的时间与小可相处。妈妈权衡利弊，放弃了高薪工作，换了一份很轻松的工作，这样一来，妈妈与小可相处的时间长了很多。一段时间之后，小可果然与妈妈亲昵起来。有的时候，妈妈想去超市采购，小可也会黏着妈妈。晚上，小可原本是和奶奶睡的，现在却坚持要和妈妈睡。看到小可这么黏人，妈妈又觉得有些烦躁，如今她连丝毫自处的时间都没有了。

一个偶然的机会，妈妈和同事说起小可的情况，同事告诉妈妈："孩子一定是缺乏安全感，才会这么缠着你。"妈妈很诧异："孩子每天不是奶奶陪着，就是我陪着，怎么会缺乏安全感呢？"同事笑起来，说："大多数父母都是这么想的，觉得孩子不会缺乏安全感，实际上以前你陪伴孩子很少，所以孩子会缺乏安全感。孩子现在对你撒娇，就是为了通过你的爱来建立安全感。你要更多地陪伴孩子，和孩子一起成长，这样孩子才能健康快乐。"

很多父母误以为孩子还小，感知能力没有那么强，就把孩子交给老人带养。即使孩子老人都在身边，父母也会因为忙于工作，每天只有很少的时间与孩子相处。还有些父母索性把孩子送回老家养育，直到要上小学才把孩子接到身边。殊不知，有些孩子因为小时候缺乏安全感，在漫长的一生里，都无法建立安全感。所以说，在孩子6岁之前，尤其是3岁之前，父母一定要帮助孩子建立安全感，让孩子感到安全和踏实。

那么，父母要怎么做，才能帮助孩子建立安全感呢？

首先，父母要陪伴孩子。对于孩子而言，父母的陪伴是他们生命中不可缺少的养分。很多父母因为忙于挣钱，会花钱给孩子买很多礼物，但陪伴时间很少，殊不知，再多的礼物、再昂贵的礼物，也无法代替父母的陪伴，更不能帮助孩子建立安全感。所以真正合格的父母会抽出时间陪伴孩子，也会亲眼见证孩子成长的过程。

其次，父母既要勤于与孩子沟通，也要引导孩子表达自己的内心。孩子还小的时候不知道如何表达自己的需求，他们要依靠父母去满足他们的需求。随着孩子渐渐成长，父母要引导孩子合理表达自身的需求，这样一来，孩子才能倾诉自己的内心，也与父母有更加良好的互动。当孩子善于用语言表达自己，他们的人际关系就会更好地建立。

最后，父母要用心地陪伴孩子，仔细地观察孩子的言行举止，从而跟上孩子成长的节奏，也以最恰当的教育方式对待孩子。如果教育的方法不得当，父母无论怎么努力，都无法达到最佳的教育效果。父母必须了解孩子的身心发展规律与脾气秉性，才能采取更有效的方式教育孩子，帮助孩子健康快乐地成长。

总之，孩子的成长是漫长的过程，从孩子诞生的那一刻起，父母就要对孩子投入大量的时间和精力陪伴其成长，也要对孩子倾注所有的爱与关注。唯有如此，孩子的生命才能得到滋养，孩子的人生才会更加充实精彩！

心中没有父母权威的孩子

在很多家庭里，父母总是高高在上地对孩子行使权威，为此让孩子很抑郁，一看到父母就感到害怕，甚至心惊胆战。日久天长，孩子未免压抑，郁郁寡欢。毋庸置疑，这样的家庭环境并不利于孩子健康成长，孩子或者会觉得压抑，唯唯诺诺；或者在沉默中爆发，变得叛逆和难以管教。那么，与此恰恰相反的家庭呢？在一个过于民主和开放的家庭里，孩子不会把父母放在心里，也会时不时地挑战父母的权威，甚至对于父母说出的话完全不以为然。当孩子对父母没大没小习惯了，即使长大成人，他们也会对父母漫不经心，导致家庭的长幼尊卑顺序混乱。由此可见，家庭环境过于严谨有序不利于孩子自由成长；家庭环境过于不分老幼大小，也会让孩子养成不尊重长辈的坏习惯。只有良好的家庭秩序与和谐的家庭氛围，才有助于亲子相处与沟通，也有助于孩子成长。

现代社会，每个孩子都是父母的命根子、心肝、宝贝，为此当孩子不尊重父母，对父母没大没小的时候，父母觉得孩子小，也就不会去纠正孩子。殊不知，日久天长，孩子就会养成这样的坏习惯，也会觉得对父母没大没小是理所当然的，甚至变成家里不折不扣的小霸王。当然，如果父母不对孩子加以引导，孩子不仅仅会对父母不礼貌，也会渐渐地对其他人不礼貌。这是因为孩子已经养成了任性妄为、霸道不懂礼貌的坏习惯，这可不是能够轻易改变的。

不得不说，父母为孩子营造民主的家庭氛围是没有错的，平等地对待孩子、尊重孩子也是正确的做法。但是一定不要让孩子养成没礼貌的坏习惯，一个孩子如果不尊重父母，将来更不会尊重别人。所以父母要想培养出优秀的孩子，就必须从孩子小的时候，就着手培养孩子各种好习惯，帮助孩子养成良好的品质。唯有如此，孩子不断成长，才能表现得越来越好。

朱朱是家里的三代独苗，为此，爸爸妈妈非常宠溺朱朱，爷爷奶奶也总是无条件满足朱朱的任何要求。在家里，朱朱简直就是个小霸王，有的时候爸爸想要管教朱朱，也总是遭到爷爷奶奶的反对。渐渐地，爸爸妈妈也觉得朱朱还小，做错一些事情也没关系，所以对朱朱疏于管教。在这样的骄纵与宠溺下，朱朱渐渐养成了没大没小的坏习惯，还常常会对爸爸妈妈下达命令，也会对爷爷奶奶说一些混账话。遗憾的是，全家人依然对此不以为然，还常常说树大自直。

有一天，妈妈的一个同事来家里做客，顺便和妈妈说工作上的事情。同事刚刚进门，妈妈就让朱朱问"阿姨好"，朱朱左右打量阿姨，说："胖阿姨，你好！"原来，妈妈这个同事比较胖，而朱朱平日里习惯了插科打诨，所以就不顾妈妈的叮嘱，信口开河地问好。阿姨觉得很尴尬，妈妈赶紧训斥朱朱，阿姨说："没关系，小孩子嘛，再说我的确比你妈妈胖多了，对不对？"说着，阿姨为了缓解尴尬，想要摸一摸朱朱的头，朱朱却往旁边一躲，喊道："我不喜欢胖阿姨！"妈妈尴尬极了，抬手给了朱朱一巴掌，同事也很尴尬，在家里待了没多会儿，就赶紧告辞。

孩子如果分不清楚长幼尊卑，而且平日里就已经和父母没大没小习惯了，那么即使家里来了客人，孩子也不会马上调整态度，尊重客人。所以父母千万不要觉得孩子没大没小是小事情，一旦孩子习惯了不尊重长辈，那么未来就会因此给长辈留下糟糕的印象，也会导致自己人缘很差，被人嫌弃。

一开始，孩子没大没小也许只是无意之间表现出来的，或者本身还没有长幼尊卑的意识，那么父母一定要及时引导孩子，这样才能纠正孩子的错误思想，帮助孩子态度端正地对待长辈。此外，有些父母在与孩子相处的时候，过度民主，在孩子面前没有作为父母的样子，导致孩子受到误导，觉得与父母之间的关系理应没大没小。这样一来，孩子当然会受到负面影响，也会在成长过程中陷入困境。所以作为父母，一定要在孩子面前端正态度，做出该有的样子，不但对孩子要注意方式方法，而且夫妻之间也不要当着孩子的面吵架，否则就会被孩子学过去，渐渐变得不尊重父母。

只有在良好的家庭氛围中，孩子才能耳濡目染形成好的思想意识和行为习惯。作为父母一定要教会孩子懂礼貌，也不要经常不顾父母的身份与孩子贫嘴。父母要有父母的权威，孩子才会尊重父母。此外，父母也要做到尊重和孝敬长辈，才能给孩子树立好榜样，引导孩子的行为举止。

即使在民主的家庭里，孩子对于父母也应该非常尊重，因为所谓的民主也要建立在父母与孩子相互尊重的基础上。父母在教育孩子的时候，尤其需要讲究方式方法，这样才能让家庭教育事半功倍，也才能给孩子的成长奠定坚实良好的基础。

孩子为何喜欢亲吻父母

随着不断地成长，孩子总是会给父母带来惊喜，当然，也有可能是惊吓。如果父母不知道孩子行为背后的心理原因，就会受到惊吓。所以父母在陪伴孩子成长的过程中，一定要更加了解孩子的身心发展规律，也要懂得一些儿童心理学知识，这样才能在孩子做出异常举动的时候，不至于惊慌失措。

前文说过，孩子任何行为的背后都隐藏着深层次的心理原因，父母唯有更加仔细地观察孩子的行为，深入了解孩子的行为，才能正确解读孩子的行为，也才能知道孩子的心理状态和情绪、情感状态。这对于父母陪伴孩子成长，正确引导孩子的行为，有至关重要的作用。很多细心的父母发现，孩子在四五岁时会出现一些成人化的行为，甚至说起话来也和小大人一样一板一眼的，这是为什么呢？其实，这与孩子的成长密切相关。

随着不断成长，孩子的好奇心越来越强烈，他们更加渴望探索未知的世界，其中也包括成人的世界。为此，孩子会模仿成人的行为，诸如女孩子喜欢穿妈妈的高跟鞋、涂抹口红，还喜欢和妈妈一样留长头发。男孩子会觉得爸爸抽烟很酷，也会假装自己是个真正的男子汉。有些孩子心理发展比较成熟，还会模仿成人的样子亲吻，而对于他们来说，最佳的亲吻对象就是爸爸和妈妈。因为爸爸妈妈与他们非常亲近，也是他们在生活中随时可以模仿的对象。当爸爸当着孩子的面亲吻妈妈之后，孩子说不定哪一天就会亲吻妈妈，甚至还会亲吻爸爸。从心理学的角度来说，孩子正是通过这样的亲吻，来满足自己模仿成人的心理需求，也希望自己可以像父母一样做更多的事情。

当孩子特别热衷于亲吻父母的时候，父母应该怎么做，才能正确引导孩子呢？

首先，父母要平静地面对孩子喜欢亲吻的成人化表现。很多父母一旦看到孩子喜欢亲吻，就认为孩子品性恶劣，或者过于早熟。实际上，孩子只是想用亲吻的方式来表达自己的爱而已，因为他们曾经亲眼看到爸爸就这样亲吻妈妈。当然，爸爸妈妈要告诉孩子，只有相爱的人和亲密无间的人之间才能互相亲吻，和陌生人或不熟悉的人，是不能随便亲吻的。这样一来，可以帮助孩子有效约束自己的行为，也让孩子正确认知亲吻。

其次，父母要尊重孩子的天性。喜欢学习，热衷于模仿是孩子的天性，作为父母，要尊重孩子生命的本能和成长的需要，而不要觉得孩子模仿父母亲吻是不应该的行为。父母只有坦然接受孩子的行为，才能正确引导孩子的行为，成为孩子的朋友和成长的陪伴者。

最后，父母要避免再次当着孩子的面做出成人化的行为。父母只需要让孩子知道父母是彼此相爱的，而无须当着孩子的面秀恩爱。当然，当发现孩子已经出现成人化的行为，父母也不要惊慌失措，更不要当着众人的面斥责孩子，或者以严厉的方式禁止孩子，否则就会导致孩子产生禁果心理，强化了孩子的成人行为。就像孩子结巴的时候,父母可以对孩子的结巴视若无睹,这样一来孩子才会放松心情,也才不会结巴。这是孩子的心理特点决定的,很多孩子对于否定的词语不敏感,常常会对父母禁止的事情产生敏感心理,反而导致不当的行为更加严重。那么在发现孩子有成人化表现时,只要情况不严重,父母就要一如往常应对孩子,才能帮助孩子放松心态、健康成长。

参考文献

[1]王银杰.儿童行为心理学[M].北京：当代世界出版社，2018.

[2]马璐璐.父母一定要懂的孩子的心理学[M].天津：天津人民出版社，2018.

[3]舒雪冬.10~28岁青春叛逆期，父母要懂的心理学[M].北京：中国纺织出版社，2015.